石油石化典型目标灭火救援作战指南

主　编：汤亚峰
副主编：袁　野　王　冬　张春江

U0264171

中国石化出版社

图书在版编目（CIP）数据

石油石化典型目标灭火救援作战指南/汤亚峰主编. —
北京：中国石化出版社，2019.6
ISBN 978－7－5114－5346－4

Ⅰ. ①石…　Ⅱ. ①汤…　Ⅲ. ①石油化工企业-消防-
安全技术-指南　Ⅳ. ①TE687－62

中国版本图书馆 CIP 数据核字（2019）第 091022 号

中国石化出版社出版发行

地址：北京市朝阳区吉市口路 9 号
邮编：100020　电话：(010)59964577
发行部电话：(010)59964526
http://www.sinopec-press.com
E-mail：press@sinopec.com
北京科信印刷有限公司印刷
全国各地新华书店经销
*
787×1092 毫米 16 开本 10.75 印张 233 千字
2019 年 6 月第 1 版　2019 年 6 月第 1 次印刷
定价：70.00 元

编　委　会

主　　　任：汤亚峰

副 主 任：袁　野　王　冬　张春江

委　　　员：王德山　郭小玉　矫冠瑛　董　浩

　　　　　　陈　斌　白　涛　段纪辰　王　培

　　　　　　张迎军　连明飞　张　杰　高承军

主编单位：华北油田公司消防支队

编　　　者：矫冠瑛　孙　利　王晓晨　高志辉

　　　　　　梁二锋　梁金宝　刘国光　李　强

前　　言

　　随着我国石油石化行业的生产规模、工艺技术及产品结构的高速发展，致灾因素急剧增多，国内先后发生了"4·6"漳州古雷、"7·16"大连石化、"11·22"青岛输油管道等石油石化火灾爆炸事故，给人民群众生命财产造成了重大损失，引起社会的广泛关注。

　　华北油田公司消防支队随华北油田开发会战建队，分驻在河北任丘、河间、辛集、霸州、永清、廊坊等油田重要生产区域，南北战线达 500 多千米，担负着冀中地区 35 个油气田 469 座油气站库共计 132.4 万立方米储量的储油罐、华北石化公司 1000 万吨炼化、5000 多千米各类管线，以及 4710 口油井的消防保卫、现场监护、抢险救援、消防监督等工作。

　　为了适应形势和任务的需要，华北油田公司消防支队着眼于灭大火、抢大险、救大援，立足于固定顶油罐、外浮顶油罐、内浮顶油罐、低温储罐、CNG、LNG、LPG 撬车等油田典型生产设施和石油石化装置，目的是整合消防理论、石油石化生产工艺和灭火救援技战术等关键要素，弥补短板，克服盲目性，快速提升指挥员指挥水平和石油石化专职消防队灭火救援科学化、专业化水平，形成具有石油石化企业特色的典型目标灭火救援作战指南。该指南从典型目标的用途特点、主要结构、可能发生的灾害、处置对策、常用战法和现场安全控制六个方面进行梳理、归纳，包括火灾特点、侦察要点、工艺处置措施、不同阶段、不同灭火装备的消防处置措施、个人防护、常用的战斗编程以及紧急避险征兆、条件、信号、方法等 20 多个要素，具有很强的针对性、实战性。

在编纂过程中，汤亚峰担任本书策划、主编，支队分管领导和首席专家从研究思路、研究方法、进度安排、资料整理与成果发布等方面进行指导，青年骨干深入油气生产一线全面收集资料，参考了《中国消防手册》《消防指挥员灭火指挥要诀》《石油化工事故灭火救援技术》等专业书籍，吸收了国内最前沿的消防理论及技战术成果。郝伟等国家级专家学者亲自参与审核、指导，集团公司质量安全环保部、河北省公安消防总队、华北油田公司、冀中公安局以及公司生产单位各级领导等有关方面给予了大力支持和配合，在此一并致谢。

灭火救援作战指南的编纂在国内尚属首创，且灭火救援工作涉及面广、技术发展较快，加之编者水平有限，难免存在疏漏之处，真诚地希望各方面专家不吝提出宝贵意见。

《石油石化典型目标灭火救援作战指南》编委会

目　　录

第四篇　石油化工装置灭火救援作战指南

第一篇

油气场站典型目标灭火救援作战指南

第一章 固定顶油罐灭火救援作战指南

固定顶油罐作为储存原料的中间罐，主要储存原油、渣油、石脑油等，单罐容积 $100 \sim 10000\,\text{m}^3$。罐体内无浮盘，罐壁无通风口，为非密封性罐，拱顶本身是承重构件，有较大的刚性和内压，能降低蒸发损耗。

第一节 结 构

固定顶油罐一般由呼吸阀、人孔、量油孔、罐盖、罐体、盘梯和固定泡沫灭火系统等部件组成（图 1 - 1）。

图 1 - 1 固定顶油罐结构图

（1）呼吸阀是用来控制油罐内气相空间压力，抑制油料蒸发损耗，防止油料质量降低，保护油罐使其免遭损坏的一种专用阀门。

（2）人孔是在油罐进行安装、清洗和维修时，工作人员进出的通道。

（3）量油孔安装在储罐顶部，用于测量罐内物料的标高、温度以及取样等。

（4）加热盘管主要用于保持物料流动性或满足工艺要求的温度。

（5）泡沫消防系统分为固定式和半固定式两种：固定式泡沫灭火系统主要由水泵、泡沫泵、泡沫液罐、泡沫比例混合器、管线和泡沫发生器组成，其中泡沫液罐、水泵、泡沫泵、泡沫比例混合器一般设在消防泵房内；半固定式泡沫灭火系统主要由泡沫发生器和管线组成，并固定在油罐或防火堤上。

第二节　事故应急处置

固定顶油罐可能发生以下四类事故：

一、呼吸阀、量油孔火灾

（一）火灾特点

火灾初期，为紊流火焰，随时间推移，罐内温度升高，呈喷射状、火炬状燃烧，罐内温度持续升高可导致罐顶撕裂或掀飞，若后期控制不当，易发生回火爆炸。

（二）灭火措施

1. 侦察要点

（1）查明着火罐储存介质、实际储油量、储罐液位高度。

（2）了解工艺流程情况及已经采取的工艺措施。

（3）了解罐内储物介质的基本情况，如温度、含水率、理化性质等。

（4）了解呼吸阀、液压安全阀的启闭情况。

2. 战术措施

1）工艺配合措施

加热盘管停止加热，控制进、出料阀，根据灭火需要，调整液位。

2）消防处置措施

（1）初期灭火措施。

固定或半固定泡沫灭火设施灭火，在注入泡沫前，需验证发泡效果；在灭火过程中，需注意定时将罐内残余水及泡沫混合液排出。

（2）举高喷射消防车灭火措施。

利用举高喷射消防车自上而下垂直喷射雾状水或雾状泡沫射流瞬间灭火。灭火示意图如图1-2所示。

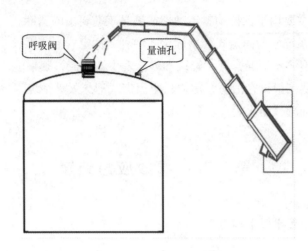

呼吸阀

量油孔

图 1-2　灭火处置示意图

（三）风险防控

1. 个人防护

战斗员应着隔热服，佩戴空气呼吸器。

2. 注意事项

（1）油罐稳定燃烧时，不宜急剧用水冷却，以免油罐温度骤降，罐内敞口蒸汽凝结，造成负压回火引起爆炸。

（2）灭火全过程对着火罐壁上部实施射水冷却，防止罐壁在火焰和高温的作用下向内塌陷。

（3）严禁直流水水平射流，严禁侧打、仰打，防止回火造成储罐爆炸。

（4）防止冷却水射入罐中，导致油面升高和形成水垫层。

二、罐体检修人孔法兰巴金密封损坏形成地面流淌火、油池火

（一）火灾特点

呈流体状蔓延，扩散速度较快，若控制不当易发生大面积火灾，导致火势扩大，造成邻罐发生燃烧或爆炸。

（二）灭火措施

1. 侦察要点

（1）查明着火罐储存介质、实际储油量、含水率等。

（2）查明泄漏点。

（3）估算泄漏面积、蔓延方向及蔓延速度。

（4）了解工艺流程及已经采取的工艺措施情况等。

（5）检测火灾区域罐体的温度。

2. 战术措施

对大面积池火或地面流淌火,采取围堵防流,分片消灭的方法;对大量重质油品火灾,可视情况采取挖沟导流的方法,利用干粉或泡沫灭火。

1)工艺配合措施

(1)关闭防火堤雨排。

(2)工艺倒料转输降低储罐液位,更换巴金垫。

(3)视情况,可将泄漏油品导入"事故池",以防流淌油面接近罐底缘。

2)消防处置措施

(1)初期流淌火。

用PQ16泡沫管枪上风向合围控制灭火。

(2)油池火。

用4~5只泡沫钩管上风向持续泡沫覆盖推进,防火堤两侧移动炮跟随泡沫钩管覆盖进度泡沫射流推进,推至着火罐边缘增加移动炮泡沫射流罐壁,直至防火堤泡沫完全覆盖封闭;干水泥在人孔下方成袋U形堆积高于人孔,挂泡沫钩管持续覆盖U形燃烧面。

(3)流淌火转池火措施不当,同时出现池火和罐火。

先控制池火至U形燃烧面,罐火分情况参考半敞开式燃烧、敞开式燃烧处置。

(三)风险防控

1. 个人防护

做好个人防护,必要时穿隔热服,佩戴空气呼吸器,防止流淌火热辐射伤人。

2. 注意事项

(1)时刻观察防护堤内水位高度,防止灭火用水过多,造成蔓堤现象。

(2)有效控制蔓延趋势,防止流淌火热辐射威胁相邻罐体,使火势进一步扩大。

(3)做好对温度计的保护,防止破裂。

(4)注意观察罐壁及罐内温度,防止坍塌,在油品泄漏的同时,储罐会通过呼吸阀吸入大量热气流。

三、半敞开式燃烧

(一)火灾特点

火焰温度高、高度高,热波传播速度快,燃烧面积大,连续发生沸溢、喷溅,燃烧过程火焰起伏,火灾危险性大等。

(二)灭火措施

1. 侦察要点

(1)查明着火罐储存介质、实际储油量、含水率等。

(2)了解工艺流程及已经采取的工艺措施情况等。

（3）了解固定和半固定消防设施完好情况及启动情况。

（4）了解周边环境和可利用水源情况。

（5）时刻观察当时气象条件。

2. 战术措施

集中力量冷却着火罐及相邻罐体，适时灭火。

1）工艺配合措施

（1）关闭防火堤雨排。

（2）储罐底进行定时排水作业。

2）消防处置措施

（1）半固定装置（半固定泡沫系统操作流程图如图1-3所示）。

①关闭固定泡沫系统阀门。

②打开泡沫管线导淋阀，排放管线泡沫余液。

③关闭消防车水泵出口阀门1，将水带连接半固定泡沫注入装置。

④打开消防车水泵出口阀门2，将水带敷设至半固定泡沫注入装置旁边，连接泡沫管枪，测试发泡效果。

⑤关闭消防车水泵出口阀门2，打开消防车水泵出口阀门1，连续出泡沫30min灭火。

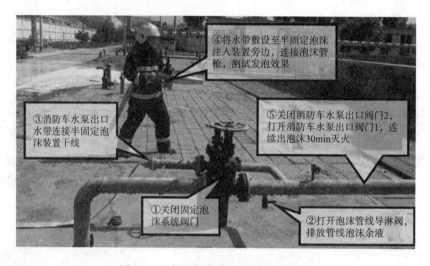

图1-3 半固定泡沫系统操作流程图

（2）高喷车灭火措施。

在罐盖撕裂处沿内罐壁顺风方向注入泡沫，直至罐内泡沫覆盖层完全覆盖灭火。严禁向撕裂处正面注入泡沫。

（3）泡沫管枪灭火措施。

预先制作登高作业架（或利用拉梯），使用PQ16泡沫管枪在罐盖撕裂处沿内罐壁顺风方向注入泡沫，直至罐内泡沫覆盖层完全覆盖灭火；同时，加大罐体周长，强制水冷却保护。

（三）风险防控

1. 个人防护

（1）在可能发生爆炸、毒害物质泄漏等危险情况下救人或灭火时，应布置水枪掩护。

（2）在受到热辐射威胁时，应穿隔热服，佩戴空气呼吸器。

2. 注意事项

（1）着火罐扑灭后，着火罐周边、邻近罐周边及下风向的作战人员要注意硫化氢防护。

（2）关闭防火堤雨排，保持事故防火堤1/5水封液位，防止储罐油品外溢，沸溢以及消防废水造成污染。

（3）长时间燃烧，应控制泡沫注入的间歇时间，防止影响油水析液时间。

（4）利用高喷车灭火时，必须保证高喷车射流打在一侧的罐壁上，流向液面形成覆盖层，严禁不同方向同时喷射泡沫。

（5）在可能发生爆炸、沸溢、喷溅等危险时，应设置安全观察哨，若事态严重，应果断组织人员撤离，必要时可放弃车辆器材。

（6）在组织冷却着火罐的同时，要组织冷却邻近受热辐射威胁的罐，优先考虑下风向邻近罐组，必要时可采取临时氮气惰化保护措施。

四、敞开式燃烧

如图1-4所示为10000m³固定顶油罐灭火示意图。

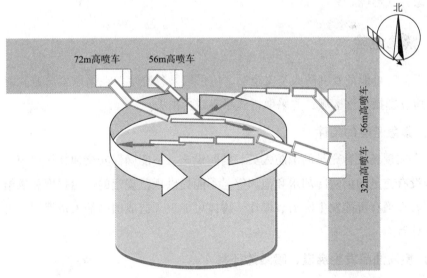

注：1.32m平台车与72m高喷车分别向罐壁内侧喷射泡沫形成覆盖层。
　　2.2台56m高喷车从上风向一个固定点分别向罐壁两侧进行半圆式喷射泡沫形成覆盖层。

图1-4　10000m³固定顶油罐灭火示意图

（一）火灾特点

火场规模大，危险性高；着火罐体坍塌变形，易形成有遮蔽的全面积池火；易发生沸溢、喷溅；火灾隐患大，易发生复燃、复爆。

（二）灭火措施

1. 侦察要点

（1）查明着火罐储存介质、实际储油量、含水率等。

（2）了解工艺流程及已经采取的工艺措施情况等。

（3）了解固定和半固定消防设施完好情况及启动情况。

（4）了解周边环境和可利用水源情况。

（5）时刻观察当时气象条件。

（6）注意观察油罐燃烧情况（油罐燃烧速度为40cm/h）。

2. 战术措施

集中力量冷却着火罐及相邻罐体，边冷却、边灭火。

3. 消防处置措施

对着火罐罐体实施全面冷却，一般情况下，待油面温度降到147℃（或罐壁温度降到350℃）以下后喷射灭火剂灭火。

4. 工艺配合措施和注意事项

同半敞开式燃烧。

五、紧急避险

如果灭火时可能危及消防人员安全时，应采取紧急避险。在采取紧急避险时，现场的消防人员应立即撤离该区域，并采取措施尽量减少损失。

（一）紧急避险的条件

（1）火灾现场没有充足的消防人员、消防设施，不能确保安全地扑灭火灾。

（2）没有充足的消防冷却水和泡沫等，不能提供规范规定的供给强度和供给时间。

（3）着火罐有可能发生沸溢、爆炸或罐体可能裂开造成油品的大量泄漏，可能危及消防人员的安全。

（二）重质油品发生沸溢、喷溅的征兆

（1）出现油面涌动、涌涨现象，出现油沫2~4次。

（2）火焰增大、发亮、变白，火舌形似火箭，颜色由浓变淡。

（3）金属罐壁颤抖，罐体发出强烈的噪声。此外，现场还有罐内油品发出的剧烈"嘶嘶"声。

（三）紧急避险的警报信号和通知方法

现场指挥员应采取各种方式将紧急避险命令通知到每个人，具体信号有：手摇报警器、消防车警报、对讲机、头骨发生器、旗语、哨声等。

第三节　附　件

一、固定顶油罐全液面火灾火场估算表（表1-1）

表1-1　固定顶油罐全液面火灾火场估算表

序号	容积/m³	罐高/m	直径/m	周长/m	面积/m²	冷却用枪炮数量	灭火用枪（炮）数量	泡沫常备量/t	配制泡沫用水量/t	延续冷却时间/h	冷却用水量/t	总用水量/t
1	100	5.4	5	15.7	19.625	3支（水枪4挡）	1支	1.728	27	4	360	387
2	200	6.25	6.7	21.04	35.24	3支（水枪4挡）	1支	1.728	27	4	360	387
3	300	7.14	7.83	24.59	48.13	3支（水枪4挡）	1支	1.728	27	4	360	387
4	500	8.93	9.04	28.39	64.15	3支（水枪4挡）	2支	3.456	54	4	360	414
5	1000	10.65	11.64	36.55	106.36	3支（水枪6挡）	2支	3.456	54	4	552	606
6	2000	11.2	15.95	50.08	199.71	3门（自摆炮4挡）	1门	8.1	127	4	864	991
7	3000	11.29	19.04	59.79	284.58	3门（自摆炮4挡）	1门	8.1	127	4	864	991
8	5000	12.5	23.85	74.89	446.53	5门（自摆炮4挡）	2门	16.2	259.2	6	2016	2275
9	10000	14.58	31.18	97.91	763.17	6门（自摆炮4挡）	4门	32.4	507	6	2419	2926

注：1. 连接水炮采用65mm水带，供水采用80mm水带，消火栓及改造后的集水器接口用65/80接口转换。

2. 如果油面温度不下降，可适当增加冷却枪炮数量或将枪炮调到6挡。

3. 布利斯、博克自摆炮发挥最佳冷却效能，应放置在距离储罐罐壁直线距离15～25m处。

4. 当1台消防车至少出3门自摆炮或者1门电控炮、1门自摆炮时，应采用4条80mm干线为消防车供水。

二、油罐火灾冷却编程

（一）3 支水枪（多功能、博克水幕水枪）冷却编程（图1-5）

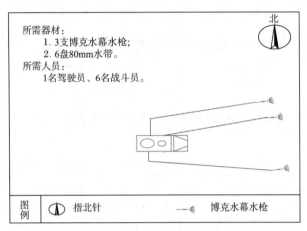

图1-5　3支水枪冷却编程

1. 场地器材

在平地停放1辆消防车，车厢内放置3门博克水幕水枪（多功能水枪）。

2. 操作程序

1名驾驶员和6名战斗员在车内待命。听到"开始"口令后，分别在车两侧敷设3条供水干线，连接水枪。连接完毕后，班长举手示意喊"好"。

（二）消防车出1门电控炮、1门布利斯水炮冷却编程（图1-6）

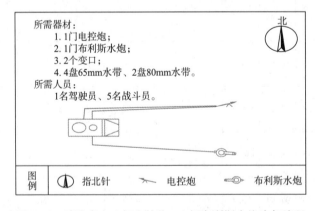

图1-6　消防车出1门电控炮、1门布利斯水炮冷却编程

1. 场地器材

在平地停放1辆消防车，车上放置1门布利斯水炮、1门电控炮。

2. 操作程序

1名驾驶员和5名战斗员在车内待命。听到"开始"口令后，分别在车两侧敷设3条供水干线，连接布利斯水炮和电控炮。连接完毕后，班长举手示意喊"好"。

（三）消防车出 2～3 门布利斯水炮冷却编程（图 1-7）

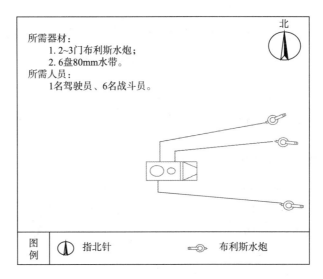

图 1-7　消防车出 2～3 门布利斯水炮冷却编程

1. 场地器材

在平地停放 1 辆消防车，车上放置 2～3 门布利斯水炮。

2. 操作程序

1 名驾驶员和 6 名战斗员在车内待命。听到"开始"口令后，分别在车两侧敷设 3 条供水干线，连接布利斯水炮。连接完毕后，班长举手示意喊"好"。

（四）车载炮、电控炮、布利斯自摆炮冷却编程（图 1-8）

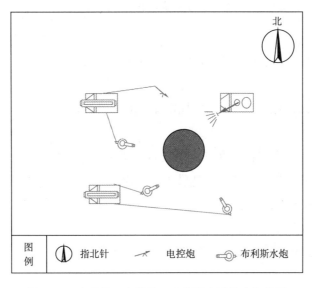

图 1-8　车载炮、电控炮、布利斯自摆炮冷却编程

1. 场地器材

在平地停放3辆消防车，车上分别放置3门布利斯水炮、1门电控炮。

2. 操作程序

3名驾驶员和9名战斗员在车内待命。听到"开始"口令后，一辆消防车出2门布利斯水炮，另一辆消防车出1门布利斯水炮和1门电控炮，最后一辆消防车利用车载炮对既定目标进行冷却。连接完毕后，班长举手示意喊"好"。

三、油罐火灾供水编程

(一) 消防车串联供水编程 (图1-9)

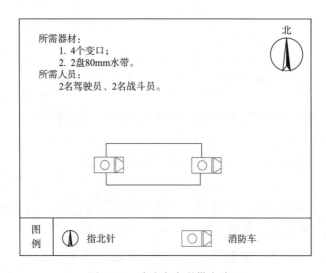

所需器材：
1. 4个变口；
2. 2盘80mm水带。
所需人员：
2名驾驶员、2名战斗员。

北

图例
指北针
消防车

图1-9 消防车串联供水编程

1. 目的

解决单一消防车供水不足问题，保障前车用水。

2. 场地器材

在场地上停放2辆消防车，车上按规定配备随车器材。

3. 操作程序

当听到"开始"口令后，供水车辆班长组织全班人员实施战斗，1号、2号消防员各敷设一条供水线路至前车，水带一端与供水车出水口连接，另一端与战斗车进水口连接，供水干线铺通后检查水带线路。

4. 操作要求

水带连接迅速，相互配合默契，在短时间内实现车辆供水、出水。

5. 成绩评定

器材操作符合操作要求为合格，反之为不合格。

（二）改造后的集水器连接消火栓供水编程（图1-10）

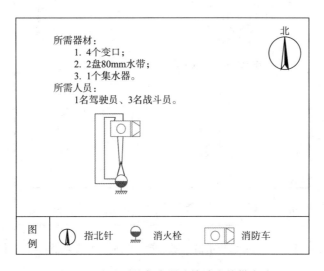

所需器材：
1. 4个变口；
2. 2盘80mm水带；
3. 1个集水器。

所需人员：
1名驾驶员、3名战斗员。

北

| 图例 | ① 指北针 | ◑ 消火栓 | ◐▯ 消防车 |

图1-10　改造后的集水器连接消火栓供水编程

1. 目的

解决消火栓接口不足问题，提高供水效率。

2. 场地器材

在平地停放1辆消防车，车上放置1个改造后的集水器，车厢内放置吸水管扳手、消火栓扳手各1副。室外放置消火栓1个。

3. 操作程序

1名驾驶员和3名消防员在消防车内待命。听到"开始"口令后，1号消防员携带集水器消火栓扳手、吸水管扳手至消火栓前，连接消火栓与集水器；2号、3号消防员各出2盘80mm水带，连接车辆注水口和集水器、消火栓出水口。连接完毕后，班长举手示意喊"好"。

4. 操作要求

集水器接口连接要紧密；供水水带不得扭转360°。

5. 成绩评定

水带不脱口，各接口连接紧密，符合操作程序为合格，反之为不合格。

（三）改造后的集水器（吸水管）吸水、消防车串联供水编程（图1-11）

1. 目的

解决消火栓接口不足问题，保障前车用水。掌握集水器连接消火栓，四干线给后车供水，后车给前车串联供水的方法，使战斗车和供水车人员明确各自任务和操作程序。

2. 场地器材

在平地上停放2辆消防车，车上放置1个改造后集水器，车厢内放置吸水管扳手、消火栓扳手各1副。室外放置消火栓1个。

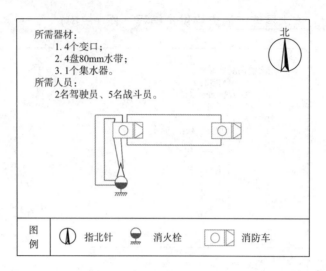

图 1 – 11　改造后的集水器（吸水管）吸水、消防车串联供水编程

3. 操作程序

两车人员在车内坐好，听到"开始"口令：

1 号车 1 号、2 号消防员各敷设一条 80mm 水带供水线路至前车，水带一端与供水车出水口连接，另一端与战斗车进水口连接，供水干线铺通后检查水带线路。

2 号车 1 号消防员携带集水器消火栓扳手、吸水管扳手至消火栓前，连接消火栓与集水器；2 号、3 号消防员各出两盘 80mm 水带，连接车辆注水口和集水器、消火栓出水口。连接完毕后班长举手示意喊"好"。

4. 操作要求

各号消防员要密切配合，动作迅速、准确，水带不得脱口、卡口，各接口连接紧密。

5. 成绩评定

符合操作程序，水带不脱口、卡口，各接口连接紧密为合格。

四、油池火灭火编程

油池火灭火编程如图 1 – 12 所示。

1. 目的

通过训练，使消防员掌握储罐区油池火灾扑救的技战术、程序和方法。

2. 适用范围

适用于储罐人孔、管线等大量泄漏形成防火堤池火时的情况。

3. 场地器材

在距储罐区防护堤前 40m 处，停放 2 辆泡沫消防车（全自动泡沫比例混合器，视油池大小增加泡沫消防车数量），配备泡沫钩管、泡沫管枪、水带若干。个人防护装备齐全。

4. 操作程序

指挥员、战斗员佩戴好个人防护装备。指挥员根据油池大小，估算灭火力量，合理确定战斗员任务分工，做好灭火战斗展开准备。

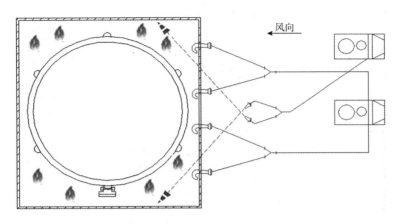

图 1 - 12　油池火灭火编程

听到"开始"的口令后，战斗员按分工展开战斗。2 辆泡沫消防车根据需要分别出泡沫钩管、泡沫管枪和泡沫炮。

在防火堤上风向一侧均匀设置（相距 5m）泡沫钩管出泡沫覆盖灭火。待泡沫向前推进与两侧防火堤接触时，从上风向两侧出 2 支泡沫管枪分别向两侧防火堤喷射泡沫，配合上风向钩管推进覆盖灭火。待泡沫覆盖层接近储罐时，从两侧增加泡沫管枪或泡沫炮向罐壁根部喷射泡沫，配合上风向钩管、管枪逐步向前推进覆盖灭火。待泡沫覆盖层越过储罐后，在两侧增加泡沫钩枪，并增加泡沫管枪向下风向防火堤喷射泡沫，配合两侧钩枪推进覆盖灭火。同时，视情况在下风向防火堤中间处均匀设置钩管（数量根据防火堤大小确定），配合两侧钩管、管枪推进覆盖灭火。

5. 操作要求

（1）应在上风或侧上风方向停放消防车辆。

（2）各泡沫消防车载泡沫种类、混合比、发泡倍数应一致。

（3）对水溶性液体油池火灾，应使用抗溶性泡沫。

（4）应确认切断储罐内油品加热系统。

（5）泡沫管枪、泡沫炮射流应喷射在防火堤、储罐距燃烧液面上方 50cm 处形成反射，禁止直接注入油面。

（6）灭火时，应在罐体周围设置移动水炮，加强对罐体的冷却保护。

五、流淌火灭火编程

流淌火灭火编程如图 1 - 13 所示。

1. 目的

通过训练，使消防员掌握地面流淌火灾扑救的技战术、程序和方法。

2. 适用范围

适用于储罐管线阀门泄漏形成的流淌火。

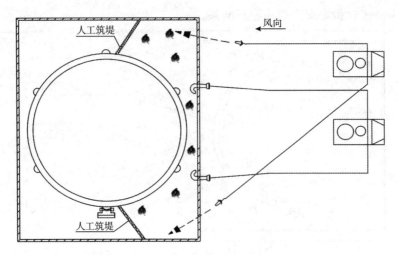

图 1-13　流淌火灭火编程

3. 场地器材

在距储罐区防护堤前 40m 处，停放 2 辆泡沫消防车，配备泡沫钩管、泡沫管枪、水带若干。

4. 操作程序

指挥员、战斗员佩戴好个人防护装备。指挥员根据流淌火面积大小估算灭火力量，合理确定战斗员任务分工，做好灭火战斗展开准备。

听到"开始"口令后，一组战斗员从上风向或侧风向接近流淌火区域，在流淌火最近防火堤均匀设置（间隔 5m）泡沫钩管，出泡沫覆盖推进灭火。

一组战斗员从泡沫消防车出泡沫管枪向临近防火堤喷射泡沫，与管枪配合围堵流淌火，直到完全覆盖灭火。

同时，利用沙袋或混凝土袋在流淌火区域筑堤围堵，将流淌油品控制在有限区域内，配合泡沫管枪围堵覆盖流淌火。

5. 操作要求

（1）应在上风或侧上风方向停放消防车辆。

（2）各泡沫消防车载泡沫种类、混合比、发泡倍数应一致。

（3）对水溶性液体油池火灾，应使用抗溶性泡沫。

（4）应确认切断储罐内油品加热系统。

（5）泡沫管枪、泡沫炮射流应喷射在防火堤、储罐距燃烧液面上方 50cm 处形成反射，禁止直接注入油面。

（6）灭火时，应在罐体周围设置移动水炮，加强对罐体的冷却保护。

第二章　外浮顶油罐灭火救援作战指南

浮顶油罐分为内浮顶油罐和外浮顶油罐，外浮顶油罐主要用于储存大容量重质油品，内浮顶油罐主要储存成品油及中间产品物料。外浮顶油罐的罐顶直接接触油面，随油品的进出而上下浮动，在浮顶与罐体内部的环隙间有随浮顶上下移动的密封装置；内浮顶油罐是拱顶和浮顶的结合，外部拱顶可以避免雨水、尘土等异物进入，内部浮顶可减少油耗。

外浮顶油罐的浮盘形式主要有单盘式、双盘式两种，储存介质为原油、渣油、重质油，单罐容积为 $1 \times 10^4 \mathrm{m}^3$、$2 \times 10^4 \mathrm{m}^3$、$2.5 \times 10^4 \mathrm{m}^3$ 和 $5 \times 10^4 \mathrm{m}^3$。

第一节　结　　构

外浮顶油罐是常压储罐，正常储存时原油紧贴浮船，钢制浮舱式浮船随原油液面上下浮动。外浮顶油罐的泡沫灭火系统主要有壁挂式和升降式两种。

一、壁挂式泡沫产生器储罐

壁挂式泡沫产生器储罐如图 2 - 1 所示。

图 2 - 1　壁挂式泡沫产生器储罐外部结构示意图

壁挂式泡沫产生器是安装在罐顶上的一种泡沫产生装置，一般与导流罩配套安装，由固定泡沫装置混合液竖管向其输送泡沫混合液。

二、升降式泡沫产生器储罐

升降式泡沫产生器储罐如图 2 - 2 和图 2 - 3 所示。

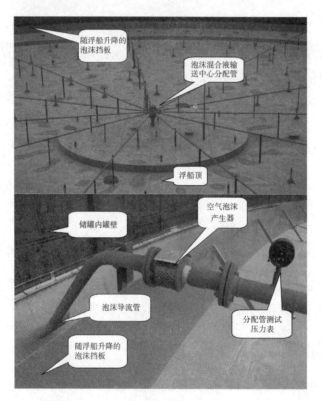

图 2 - 2　升降式泡沫产生器储罐罐顶结构图

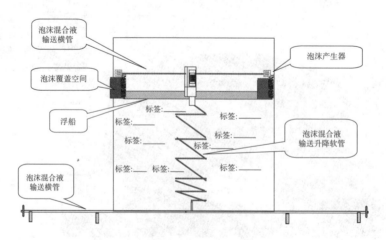

图 2 - 3　升降式泡沫产生器储罐剖面图

升降式固定泡沫灭火系统由泡沫混合液输送横管、泡沫混合液输送升降软管、浮船、泡沫覆盖空间、泡沫产生器、空气泡沫产生器、分配管测试压力表、泡沫导流管及随浮船升降的泡沫挡板组成。

三、外浮顶油罐内部结构

图2-4为外浮顶油罐内部结构图；图2-5为单盘式浮盘和双盘式浮盘图。

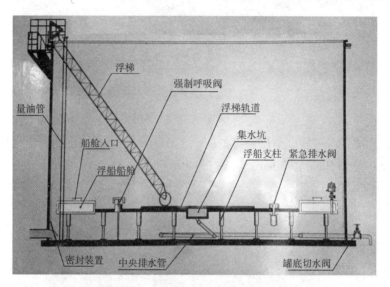

图2-4　外浮顶油罐罐体内部结构图

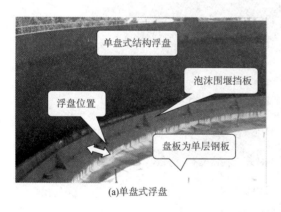

(a)单盘式浮盘

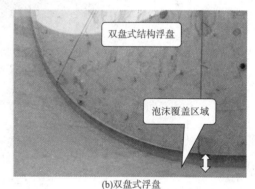

(b)双盘式浮盘

图2-5　单盘式浮盘和双盘式浮盘图

浮船结构及浮船内底部结构主要包括量油孔、导向柱、环形浮仓、单层盘板、浮船机械密封系统、导热油加热装置、进出油管道、静电导出装置及浮船支撑，如图2-6所示。

量油孔安装在储罐顶部，用于测量罐内物料的标高、温度以及取样等。

导热油加热装置主要用于保持物料流动性或满足工艺的温度。

浮船支撑用于支撑浮顶，防止其下降至罐底。

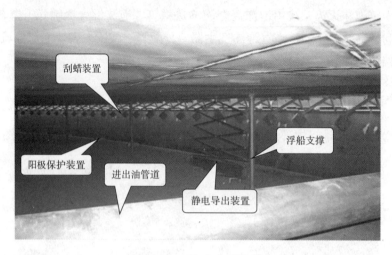

图 2－6　浮船内部结构图

　　人孔是在油罐进行安装、清洗和维修时，工作人员可经此进出油罐，也可以利用其进行通风，直径一般为 50cm 或 60cm，如图 2－7 所示。

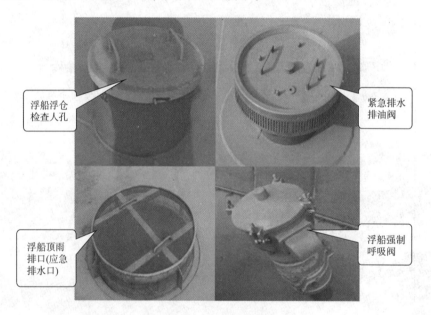

图 2－7　罐顶结构图

应急排水口为大型浮顶油罐浮顶上部的紧急排水装置。

第二节　事故应急处置

外浮顶油罐可能发生以下五类事故：

一、密封圈火灾

（一）火灾特点

密封圈点式或圈形带式火焰，油气挥发少，热值不高。

（二）灭火措施

1．侦察要点

（1）查明着火罐储存介质、实际储油量、储罐液位高度。

（2）了解工艺流程情况及已经采取的工艺措施。

（3）了解罐内储物介质的基本情况，例如温度、含水率等。

2．战术措施

1）工艺配合措施

停止罐底加热，关阀断料。

2）消防处置措施

（1）利用壁挂式固定泡沫灭火装置泡沫覆盖灭火。需要注入大量泡沫，同时加大力量冷却罐体，如图 2－8 所示。

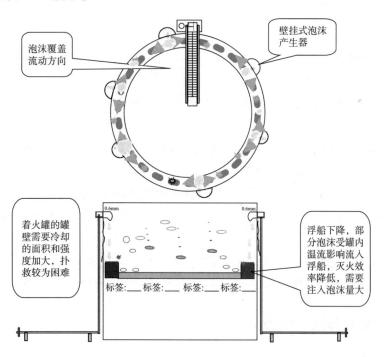

图 2－8　利用壁挂式固定泡沫灭火装置泡沫覆盖灭火示意图

（2）登罐灭火。利用罐顶平台敷设双干线泡沫管线，顶风注入泡沫，在形成泡沫覆盖层后逐步向两边推进。接近泡沫覆盖闭合点时，放慢推进速度，防止高温回火引起油气复燃，如图 2－9 所示。

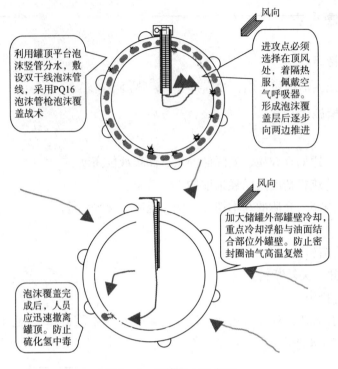

图 2 - 9　登罐灭火示意图

（三）风险防控

1. 个人防护

靠近罐体及登罐人员必须着隔热服、佩戴空气呼吸器。

2. 注意事项

（1）罐体液位在半液位以上，着火时间在 60min 之内（冬季），40min 之内（夏季），方可登罐顶灭火，同时停止罐底加热。

（2）进攻点必须选择在顶风处，形成泡沫覆盖层后逐步向两边推进。

（3）推进过程需注意风向变化，适时调整左右推进速度。否则，泡沫层不能形成闭合点。

（4）泡沫覆盖完成后，人员应迅速撤离罐顶，防止硫化氢中毒。

（5）加大储罐外部罐壁冷却，重点冷却浮船与油面结合部位的外层罐壁。

二、浮船卡船应急处置

（一）处置措施

输入同质冷原油提升浮盘至高液位，使油面贴近浮船底部，再次形成密封圈式燃烧。高液位有利于泡沫进入环形挡板，提高灭火效率。同时，可降低储罐壁冷却用水量，如图 2 - 10 所示。

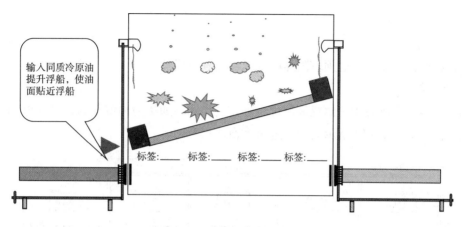

图 2 - 10　浮船卡船应急处置示意图

（二）注意事项

（1）浮船平衡后继续进冷油提升浮船高度。

（2）储罐高液位后停止进出油，如油温较高，可采取油料进出平衡法降温。

三、储罐检修期火灾

（一）火灾特点

形成浮船下全液面燃烧，持续高温易导致人孔处喷溅，并有可能出现防火堤池火。

（二）灭火措施

1. 侦察要点

（1）查明着火罐储存介质、实际储油量、储罐液位高度。

（2）了解工艺流程情况及已经采取的工艺措施。

（3）了解罐内储物介质的基本情况，例如温度、含水率等。

2. 处置措施

（1）利用 PQ16 泡沫管枪从人孔向罐内喷射泡沫，达到泡沫覆盖最大保护半径时封闭人孔。

（2）提升储罐液面，形成浮船密封圈式带形燃烧，减小燃烧液面积，液面贴近浮船后，可采取固定泡沫装置或登顶泡沫管枪灭火，如图 2 - 11 所示。

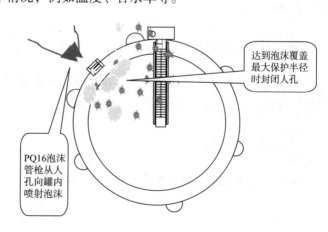

图 2 - 11　储罐检修期着火处置措施示意图

（三）风险防控

1. 个人防护

靠近罐体及登罐人员必须着隔热服、佩戴空气呼吸器。

2. 注意事项

防止沸溢、突沸发生，储罐高液位后停止进出油，如罐内油温较高，可采取油料进出平衡法降温，如图 2－12 所示为油料进出平衡法示意图。

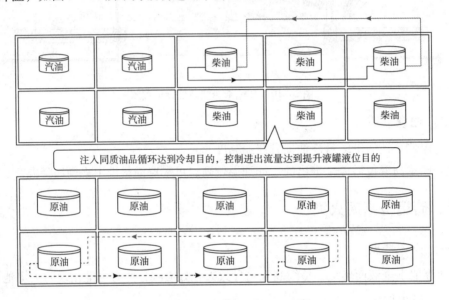

图 2－12　油料进出平衡法示意图

四、防火堤火灾

参照固定顶油罐"罐体检修人孔法兰巴金密封损坏，储罐液体外泄形成流淌火、油池火"的处置方法。

五、全液面火灾

参照固定顶油罐"罐内油气混合物达到爆炸极限后，遇火源发生燃爆，造成罐盖完全损坏，罐顶呈敞开式剧烈燃烧"的处置方法。

六、紧急避险

参照固定顶油罐"紧急避险"的处置方法。

第三节 附 件

一、外浮顶油罐满液位登罐灭火编程

外浮顶油罐满液位登罐灭火编程如图 2-13 所示。

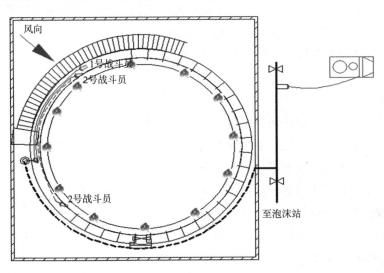

图 2-13 外浮顶油罐满液位登罐灭火编程

1. 训练目的

通过训练，使消防员掌握外浮顶油罐登罐扑救满液位时密封圈初期火灾的技战术、程序、方法。

2. 适用范围

适用于外浮顶油罐满液位时密封圈初期火灾，且固定泡沫系统故障或泡沫发生器损坏，罐顶平台泡沫竖管完好的情况。

3. 场地器材

在油罐区固定泡沫系统罐分配阀前15m处，停放1辆泡沫消防车（车辆要求：全自动泡沫比例混合器，水泵流量不小于80L/s），泡沫枪、水带若干。消防员个人防护装备齐全。

4. 操作程序

指挥员、战斗员佩戴好个人防护装备。指挥员根据作战任务，合理确定战斗员任务分工，做好灭火战斗展开准备。

听到"开始"口令后，指挥员确认关闭储罐进出物料管线阀门，切断储罐油品加热系统。

指挥员带领 3 名战斗员，做好个人防护（穿着隔热服、佩戴空气呼吸器、带个人安全绳）后，携带水带、泡沫管枪，沿储罐旋梯登至罐顶平台。

1 号、2 号战斗员从泡沫竖管分水接口出 2 条水带线路 2 支泡沫管枪，沿罐顶外延通道至上风处喷射泡沫，形成泡沫覆盖层后，1 号战斗员继续向前推进，2 号战斗员反向推进覆盖灭火，最后将围堰覆盖闭合。明火即将扑灭时，1 号、2 号战斗员交替掩护对方佩戴好空气呼吸器面罩，完全扑灭火灾后，全部人员立即撤出。指挥员协助 1 号、2 号战斗员延伸水带，指挥完成扑救任务。

3 号战斗员在泡沫竖管分水接口处，观察现场情况，做好通信联络，操作分水阀门，配合做好关阀和水带延伸，遇有紧急情况及时报告。

驾驶员、其他战斗员从泡沫消防车出水带线路连接泡沫竖管接口，向泡沫竖管供给泡沫。

5. 操作要求

（1）在注入泡沫前，应确认浮盘排水阀处于打开状态。

（2）应留有单位操作工操控罐内排水阀，及时排出罐内余水。

（3）泡沫车自动泡沫比例混合器配比与泡沫混合比调整一致（3% 或 6%）。

（4）泡沫车应确保不间断供给泡沫，泵出口压力不得低于 1.1MPa。

（5）登罐作战人员应当做好自身安全保护。

（6）在实施登罐灭火的同时，应当启动储罐固定冷却系统或利用移动水炮加强对罐体液位处浮盘上侧实施冷却。

（7）泡沫覆盖厚度不小于 0.3m，接近泡沫覆盖闭合点，推进速度需放慢，防止高温回火引起油气复燃。

（8）半固定泡沫竖管无法使用时，可通过储罐旋梯敷设水带干线连接分水器的方法代替。

（9）遇雷雨天气时，应设置防雷充实水柱水枪阵地（就近使用消火栓，沿储罐旋梯敷设水带至罐顶平台，连接直流水枪并固定至罐顶最高位，水枪枪口垂直出直流水柱）。

（10）当风向变化或扑救失控，烟火封堵罐顶操作平台时，作战人员应及时利用安全绳自救撤离。

二、外浮顶油罐半液位登罐灭火编程

外浮顶油罐半液位登罐灭火编程如图 2-14 所示。

1. 训练目的

通过训练，使消防员掌握外浮顶油罐登罐扑救半液位时密封圈初期火灾的技战术、程序、方法。

2. 适用范围

适用于外浮顶油罐半液位时的密封圈初期火灾，且固定泡沫灭火系统和罐体泡沫发生

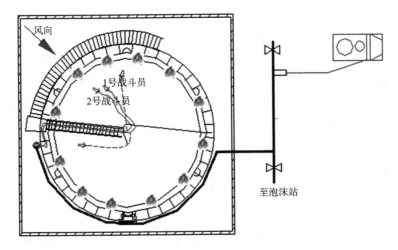

图 2 – 14 外浮顶油罐半液位登罐灭火编程

器损坏，半固定泡沫竖管完好的情况。

3. 场地器材

在油罐区固定泡沫系统罐分配阀前 15m 处，停放 1 辆泡沫消防车（车辆要求：全自动泡沫比例混合器，水泵流量不小于 80L/s，如泡沫竖管管路单独设置需 2 辆），泡沫枪、水带若干。消防员个人防护装备齐全。

4. 操作程序

指挥员、战斗员佩戴好个人防护装备。指挥员根据作战任务，合理确定战斗员任务分工，做好灭火战斗展开准备。

听到"开始"口令后，指挥员确认关闭储罐进出物料管线阀门，切断储罐油品加热系统。

指挥员带领 3 名战斗员，做好个人防护（穿着隔热服、佩戴空气呼吸器、带个人安全绳）后，携带水带、泡沫管枪，沿储罐旋梯登至罐顶平台。从泡沫竖管分水处，沿罐内斜梯敷设 2 条水带线路下至浮盘处。

1 号、2 号战斗员从顶风处向罐壁内侧距浮盘高 1m 处喷射泡沫，形成泡沫覆盖层后，1 号战斗员按顺时针方向推进覆盖灭火，2 号战斗员按逆时针方向推进覆盖灭火，最后将围堰覆盖闭合。明火即将扑灭时，1 号、2 号战斗员交替掩护对方佩戴好空气呼吸器面罩，完全扑灭火灾后，全部人员立即撤出。指挥员协助 1 号、2 号战斗员延伸水带、转移阵地。3 号战斗员在泡沫竖管罐顶平台处，做好通信联络，操作分水阀门，配合做好关阀延伸水带。

5. 操作要求

（1）在注入泡沫前，应确认浮盘排水阀处于打开状态。

（2）应留有单位操作工操控罐内排水阀，及时排出罐内余水。

（3）泡沫消防车泡沫比例混合器配比与泡沫混合比调整一致。

（4）泡沫车应确保不间断供给泡沫，泵出口压力不得低于1.1MPa。

（5）登罐作战人员应当做好自身安全保护。

（6）在实施登罐灭火的同时，应当启动储罐固定冷却系统或利用移动水炮加强对罐体浮盘上侧实施冷却。

（7）火灾未扑灭火前，暂时不用空气呼吸器，待火灾即将扑灭时，方可佩戴呼吸器面罩，确保有效的撤离时间，防止硫化氢中毒。

（8）泡沫覆盖厚度不小于0.3m，接近泡沫覆盖闭合点，推进速度需放慢，防止高温回火引起油气复燃。

（9）当半固定泡沫竖管无法使用时，可通过储罐旋梯敷设水带干线连接分水器的方法代替。

（10）遇雷雨天气时，应设置防雷水枪（就近使用消火栓，沿储罐旋梯敷设水带至罐顶平台，连接直流水枪并固定至罐顶最高位，水枪枪口垂直出直流水柱）。

（11）当风向变化或扑救失控，烟火封堵罐顶操作平台时，作战人员应及时利用安全绳自救撤离。

三、外浮顶油罐登罐灭闭合点编程

外浮顶油罐登罐灭闭合点编程如图2-15所示。

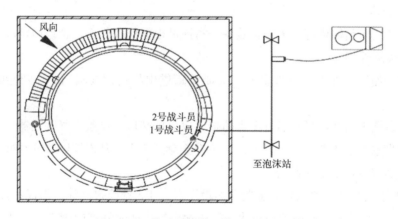

图2-15　外浮顶油罐登罐灭闭合点编程

1. 训练目的

通过训练，使消防员掌握扑救外浮顶油罐固定泡沫系统泡沫不能有效闭合火灾的技战术、程序、方法。

2. 适用范围

适用于外浮顶油罐固定泡沫灭火系统（壁挂式泡沫产生器）完好，现场风力较大，固定泡沫灭火系统喷射泡沫不能有效闭合的情况。

3. 场地器材

在油罐区固定泡沫系统罐分配阀前15m处，停放1辆泡沫消防车（全自动泡沫比例混合器，水泵流量不小于80L/s），泡沫枪、水带若干。消防员个人防护装备齐全。

4. 操作程序

指挥员、战斗员佩戴好个人防护装备。指挥员根据作战任务，合理确定战斗员任务分工，做好灭火战斗展开准备。

听到"开始"口令后，指挥员带领3名战斗员，做好个人防护（穿着隔热服、佩戴空气呼吸器、带个人安全绳）后，携带水带、泡沫管枪，沿储罐旋梯登至罐顶平台。

1号、2号战斗员从泡沫竖管分水接口出1条水带线路、1支泡沫管枪，从距离较近一侧接近泡沫覆盖未闭合点，向未闭合点上方罐壁喷射泡沫覆盖灭火。明火即将扑灭时，1号、2号战斗员交替掩护对方佩戴好空气呼吸器面罩，完全扑灭火灾后，全部人员立即撤出。指挥员协助1号、2号战斗员延伸水带，指挥完成扑救任务。

3号战斗员在泡沫竖管分水接口处，观察现场情况，做好通信联络，操作分水阀门，配合做好关阀延伸水带，遇有紧急情况及时报告。

驾驶员、其他战斗员从泡沫消防车出水带线路连接泡沫竖管接口，向泡沫竖管供给泡沫。

5. 操作要求

（1）应确认切断储罐油品加热系统，浮盘排水阀处于打开状态。

（2）应留有单位操作工操控罐内排水阀，及时排出罐内余水。

（3）泡沫消防车泡沫比例混合器配比与泡沫混合比调整一致。

（4）泡沫消防车应确保不间断供给泡沫。

（5）登罐作战人员应当做好自身安全保护。

（6）泡沫消防车泵出口压力不得低于1.1MPa。

（7）在实施登罐灭火的同时，应当启动储罐固定冷却系统或利用移动水炮加强对罐体浮盘上侧实施冷却。

（8）当有多个未闭合点时，应依次向前延伸水带逐个覆盖未闭合点，泡沫覆盖厚度不小于0.3m。

（9）遇雷雨天气时，应设置防雷水枪（就近使用消火栓，沿储罐旋梯敷设水带至罐顶平台，连接直流水枪并固定至罐顶最高位，水枪枪口垂直出直流水柱）。

（10）当风向变化或扑救失控，烟火封堵罐顶操作平台时，作战人员应及时利用安全绳自救撤离。

第三章　内浮顶油罐灭火救援作战指南

内浮顶油罐主要为用于储存成品油、汽油、柴油的常压储罐，浮船按照结构分为浅盘式、敞口隔舱式、单盘式、双盘式四种类型（图 3 −1）。在此，主要介绍浅盘式内浮顶油罐。浅盘式内浮顶油罐按存储功能分为密封型内浮顶油罐和非密封型内浮顶油罐。

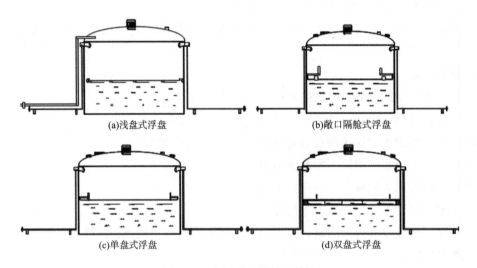

(a)浅盘式浮盘　　　　　　　　(b)敞口隔舱式浮盘

(c)单盘式浮盘　　　　　　　　(d)双盘式浮盘

图 3 −1　内浮顶油罐浮盘结构

第一节　结　　构

浅盘式内浮顶油罐罐体外部有罐顶盖、氮气管线及氮气平衡气动阀，罐内盆形浮顶直接与罐内液体接触（图 3 −2）。

氮封系统包括氮气管线和氮气平衡气动阀，当气相空间压力低于 0.8kPa 时，氮封阀开启，进行氮气补充，保证储罐在正常运行过程中不混入空气，防止在罐内形成爆炸性混合气体；当罐内发生火灾时，前期可利用氮封系统进行窒息灭火（图 3 −3）。

图 3 - 2　浅盘式内浮顶油罐结构

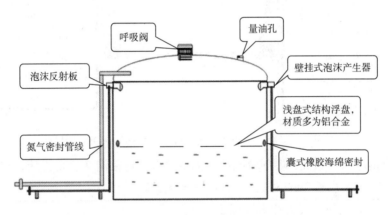

图 3 - 3　浅盘式内浮顶油罐结构示意图

第二节　事故应急处置

浅盘式内浮顶油罐可能发生以下五类事故：

一、浮盘结构完好，呼吸阀、量油孔、通风口（通风帽）火灾

（一）火灾特点
浮盘结构完好，呼吸阀、量油孔火焰呈稳定燃烧。

（二）灭火措施
1. 侦察要点
（1）查明着火罐储存介质、实际储油量、储罐液位高度。

（2）查明泄漏点、工艺流程及已经采取的工艺措施情况等。

（3）了解罐内储存介质的基本情况，例如温度、含水率等。

2. 战术措施

1）工艺配合措施

抢修固定氮封系统，恢复氮气保压管路压力，向固定氮封系统管线注入氮气窒息灭火。

2）消防处置措施

（1）固定泡沫系统或半固定泡沫装置处置战术（图 3-4）：

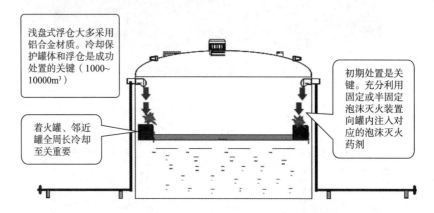

图 3-4 呼吸阀、量油孔、通风口（通风帽）火灾处置措施

启动固定泡沫灭火系统，罐前分配阀半固定接口处连接泡沫管枪排液，出泡沫后再打开进罐截止阀，连续供给 30min 泡沫混合液直至灭火。

（2）举高喷射消防车灭火战术（图 3-5）：

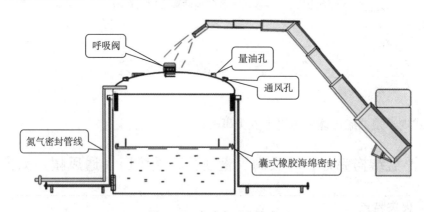

图 3-5 高喷车灭火战术

①在呼吸阀、量油孔处垂直喷射雾状水或雾状泡沫射流瞬间灭火。严禁侧打、仰打，避免回火，加大浮盘与油层面罐体周长，强制水冷却保护。

②呼吸阀、量油孔、通风口（通风帽）同时着火扑救顺序：上风向开始，左右通风口→左右通风口→量油孔→左右通风口→呼吸阀→左右通风口→逐一扑灭，移动水炮漫流式射

流跟进保护已灭部位防止复燃。

（三）风险防控

1. 个人防护

做好个人防护，登罐战斗员着隔热服，佩戴空气呼吸器。

2. 注意事项

（1）举高喷射消防车严禁侧打、仰打，避免回火。

（2）同时加大浮盘与油层面罐体周长，强制水冷却保护。

二、浮盘结构完好，罐盖撕裂，罐盖与罐体撕裂处火灾

（一）火灾特点

浮盘结构完好，罐盖与罐体撕裂处呈火炬式火焰燃烧。

（二）灭火措施

1. 侦察要点

（1）查明着火罐储存介质、实际储油量、储罐液位高度。

（2）了解工艺流程及已经采取的工艺措施情况等。

（3）了解固定和半固定消防设施完好情况及启动情况。

（4）时刻观察当时气象条件。

2. 战术措施

1）工艺配合措施

抢修固定氮封系统，恢复氮气压力，向固定氮封系统管线注入氮气窒息灭火。

2）消防处置措施

（1）固定泡沫系统或半固定泡沫装置处置战术（图3-6）：

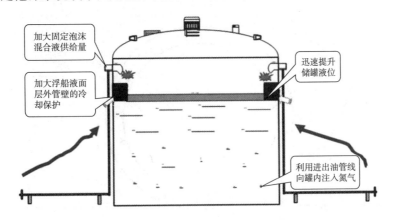

图3-6　固定泡沫系统处置方法示意图

启动固定泡沫灭火系统，连续供给30min泡沫混合液直至灭火。

半固定装置：

①关闭固定泡沫系统阀门。

②打开泡沫管线导淋阀，排放管线泡沫余液。

③消防车水泵出口水带连接半固定泡沫注入装置干线。

④消防车水泵出口水带敷设至半固定泡沫注入装置前，连接泡沫管枪，测试发泡效果。

⑤消防车水泵出口水带连接半固定泡沫注入装置干线，连续出泡沫30min灭火。

（2）举高喷射消防车灭火战术（图3-7）：

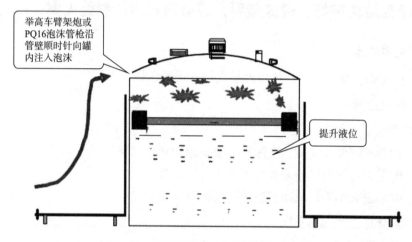

图3-7　举高喷射消防车处置方法示意图

在罐盖撕裂处沿内罐壁顺风方向注入泡沫，直至罐内密封圈处泡沫覆盖层完全覆盖灭火。严禁向撕裂处正面注入泡沫，浮盘顶、储罐底定时进行排水作业，防止浮顶压斜，罐底形成水垫层。

（3）泡沫管枪战术（图3-8）：

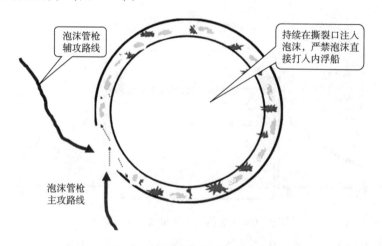

图3-8　泡沫管枪处置方法示意图

受环境、地域等条件限制，举高喷射消防车无法抵近实施灭火战术，可预先制作登高作业架，使用流量 PQ16 泡沫管枪在罐盖撕裂处沿内罐壁顺风方向，按主、辅顺序注入泡沫，直至罐内密封圈处泡沫覆盖层完全覆盖灭火；同时，加大浮盘与油层面罐体周长，强制水冷却保护。

（三）风险防控

1. 个人防护

做好个人防护，登罐战斗员应着隔热服，佩戴空气呼吸器。

2. 注意事项

（1）采取泡沫灭火前，核查固定泡沫系统、所有车载泡沫的种类、倍数、比例，防止混打、错打。

（2）严禁向撕裂处正面注入泡沫，防止损坏铝合金或不锈钢薄板，导致全液面火灾，直接进入难于控制阶段。

（3）注入泡沫时必须连续，一次到位灭火，间歇或停顿，浮盘扭曲、倾斜、下沉，会导致浮盘结构破坏灭火失败。

三、浮盘结构完好，泡沫发生器损坏，罐体与泡沫产生器安装处火灾

（一）火灾特点

浮盘完好，泡沫产生器损坏，罐体与泡沫产生器安装处呈火炬式火焰燃烧。

（二）灭火措施

1. 侦察要点

（1）查明着火罐储存介质、实际储油量、储罐液位高度。

（2）了解工艺流程及已经采取的工艺措施情况等。

（3）了解固定和半固定消防设施完好情况及启动情况。

（4）时刻观察当时气象条件。

2. 战术措施

1）工艺配合措施

（1）抢修固定氮封系统，恢复氮气保压管路压力，向固定氮封系统管线注入氮气窒息灭火。

（2）紧急情况下可采取干粉车应急供氮窒息灭火法，即使用重型干粉车氮气瓶组连续供氮灭火（表 3-1）。

2）消防处置措施

（1）注油辅助法：

如储罐、浮盘完好，仅泡沫产生器损坏处燃烧，可采取注同质冷油升液位，减少储罐内气相空间，避免闪爆，减少氮气输入量。

表3-1 干粉车注入氮气的方法

序号	灾害情况	注入氮气方法
1	部分泡沫产生器损坏时	橡胶软管延至防火堤，与泡沫产生器倒淋排放管口连接完好，使用干粉车氮气向罐内注入氮气窒息灭火
2	泡沫产生器完全损坏时	橡胶软管延至储罐输油管线试压接口，边输油边输氮，注入氮气窒息灭火
3	不使用泡沫产生器时	干粉车氮气充气口连接橡胶软管，橡胶软管延至罐前再连接相应高度的PVC管，PVC管头连接金属恒管插入损坏泡沫产生器孔洞，连续供氮灭火

轻易不采取泡沫产生器损坏处泡沫注入法，低液位可实施罐体开孔泡沫勾枪法覆盖灭火。

（2）举高喷射消防车处置措施：

在罐盖撕裂处沿内罐壁顺风方向注入泡沫，直至罐内密封圈处泡沫覆盖层完全覆盖灭火。严禁向撕裂处正面注入泡沫。

（三）风险防控

1. 个人防护

做好个人防护，登罐战斗员应着隔热服，佩戴空气呼吸器。

2. 注意事项

（1）部分泡沫产生器损坏，橡胶软管与泡沫产生器倒淋排放管口连接完好，使用干粉车氮气瓶组向罐内注入氮气。

（2）泡沫产生器完全损坏，橡胶软管延至输油管线试压接口，边输油边输氮，注入氮气窒息灭火。

（3）干粉车氮气充气口连接橡胶软管至罐前，再连接相应高度的PVC管金属恒管，插入损坏泡沫产生器孔洞，连续供氮气。

四、罐体检修人孔法兰巴金密封损坏，储罐液体外泄形成流淌火

参照固定顶罐"罐体检修人孔法兰巴金密封损坏，储罐液体外泄形成流淌火、油池火"处置方法。

五、浮盘结构损坏，罐体已呈敞开式剧烈燃烧

参照固定顶油罐"罐内油气混合物达到爆炸极限后，遇火源发生燃爆，造成罐盖完全损坏，罐顶呈敞开式剧烈燃烧"的处置方法。

六、紧急避险

参照固定顶油罐"紧急避险"的处置方法。

第三节 附 件

一、浮顶油罐连接半固定泡沫灭火装置注入泡沫灭火编程（无罐前集中分配器）

1. 目的

通过训练，使消防员掌握使用储罐半固定泡沫灭火装置注入泡沫扑救浮顶油罐火灾的技战术、程序、方法。

2. 适用范围

适用于浮顶油罐发生火灾，泡沫灭火系统半固定装置完好，半固定泡沫装置罐前未设置集中分配器的情况。

3. 场地器材

在浮顶油罐区固定泡沫系统罐分配阀前15m处，停放1辆泡沫消防车（全自动泡沫比例混合器，水泵流量不小于80L/s，载泡沫不少于6t），泡沫管枪、水带若干。

4. 操作程序

指挥员、战斗员佩戴好个人防护装备。指挥员根据作战任务，合理确定战斗员任务分工，做好灭火战斗展开准备。

听到"开始"口令后，指挥员确认关闭储罐进出物料管线阀门，切断储罐油品加热系统。

1号战斗员关闭固定泡沫灭火系统主管截止阀，与固定泡沫系统隔开，打开泡沫管线低位导淋阀，排空固定泡沫装置管线内的泡沫混合液。

2号战斗员从泡沫消防车敷设一条水带线路至半固定接口前，连接泡沫管枪，做好出泡沫准备。待泡沫管枪出泡沫验证后，卸下泡沫管枪，将水带线路与半固定接口连接。其他战斗员同时从泡沫消防车敷设水带线路连接半固定接口，留出1个半固定接口。

驾驶员操作泡沫消防车出泡沫，向连接泡沫管枪的水带线路供泡沫（确保关闭其他水带线路阀门），待泡沫管枪出泡沫验证后，停止供泡沫。待2号战斗员卸下泡沫管枪，将水带线路与半固定接口连接好后，打开所有水带线路供泡沫阀门，向半固定泡沫装置持续供给泡沫注入罐内，如图3-9所示。

5. 操作要求

（1）对外浮顶油罐，在注入泡沫前，应确认浮盘排水阀处于打开状态。

（2）应留有单位操作工操控罐内排水阀，及时排出罐内余水。

（3）应将泡沫消防车泡沫自动比例混合器配比与泡沫混合比调整一致（3%或6%）。

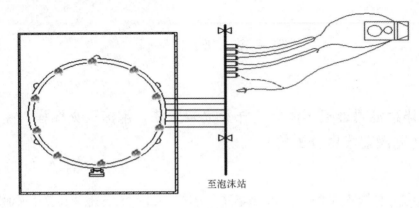

图 3 – 9　向半固定泡沫灭火装置注入泡沫灭火

（4）泡沫管枪出泡沫验证时应当确保泡沫发泡充分，方可连接半固定系统注入泡沫。

（5）泡沫消防车向罐内注入泡沫应当连续不间断，且不低于 30min。

（6）应当保障泡沫消防车供水不间断。

（7）泡沫消防车泵出口压力不得低于 1.1MPa。

二、浮顶油罐半固定泡沫系统注入泡沫灭火编程（有罐前集中分配器）

1. 目的

通过训练，使消防员掌握使用半固定泡沫灭火装置注入泡沫扑救浮顶油罐火灾的技战术、程序、方法。

2. 适用范围

适用于浮顶油罐发生火灾，泡沫灭火系统半固定装置完好，半固定装置罐前设置集中分配器的情况。

3. 场地器材

在罐区固定泡沫系统罐前分配器（设有 6 个半固定接口）前 15m 处，停放 3 辆泡沫消防车（依次为 1 号、2 号、3 号，全自动泡沫比例混合器，水泵流量不小于 80L/s，单车载泡沫量满足一次进攻 30min 的要求），泡沫管枪、水带若干盘。驾驶员 3 名、战斗员 3 名、指挥员 1 名，配备个人防护服全套、通信设备。

4. 操作程序

指挥员、战斗员佩戴好个人防护装备。指挥员根据作战任务，合理确定战斗员任务分工，做好灭火战斗展开准备。

听到"开始"口令后，指挥员确认关闭储罐进出物料管线阀门，切断储罐油品加热系统。

1 名战斗员关闭固定泡沫灭火系统主管截止阀，与固定泡沫系统隔开，打开泡沫管线低位导淋阀，排空固定泡沫装置管线内的泡沫混合液。1 名战斗员携带泡沫管枪、水带与消防车出口接口连接，做好出泡沫验证准备。其他战斗员同时从 1 号消防车敷设 2 条 φ80

水带干线（1 号干线、2 号干线），分别连接三分水器，每个三分水器前敷设 2 条 φ65 水带线路，分别连接半固定接口（连接 4 个接口），如图 3 - 10 所示。

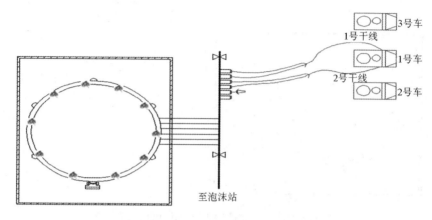

图 3 - 10　连接三分水器及半固定接口

指挥员确认关闭泡沫分配管前阀门（与进罐管线断开），向 1 号消防车发出供泡沫指令。

1 号消防车接到供泡沫指令后，向泡沫管枪干线供泡沫，待泡沫管枪出泡沫验证后，关闭连接泡沫管枪接口阀门，卸下泡沫管枪，及时打开分配管前阀门，向半固定装置持续供给泡沫注入罐内。驾驶员观察泡沫车液位，及时向指挥员报告。

如 1 号消防车载泡沫不足，2 号消防车出 2 条 φ65 水带线路与其他 2 个半固定接口连接。另出 1 条 φ80 水带（3 号干线）敷设至 1 号消防车 2 号干线三分水器处，做好接力出泡沫准备。待 1 号泡沫车泡沫液位较低时，2 号泡沫车开始加压供给泡沫，同时打开 2 个半固定接口阀门，关闭 1 号消防车 2 号干线泵浦阀门。将 3 号干线连接到 2 号三分水器后，打开阀门供给泡沫。然后停止 1 号干线泡沫供给，如图 3 - 11 所示。

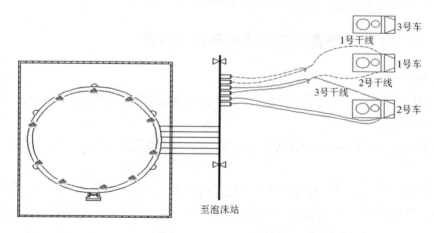

图 3 - 11　2 号消防车接力加压供给泡沫

3 号消防车按照 2 号消防车供给方式，做好接力供泡沫准备，如图 3 – 12 所示。

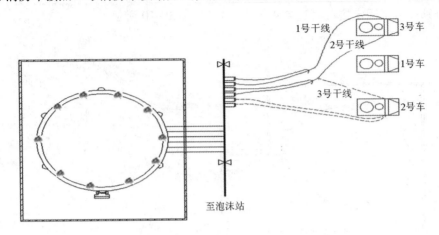

图 3 – 12　3 号消防车接力加压供给泡沫

5. 操作要求

（1）对外浮顶油罐，在注入泡沫前，应确认浮盘排水阀处于打开状态。

（2）应留有单位操作工操控罐内排水阀，及时排出罐内余水。

（3）3 辆泡沫消防车载泡沫种类、混合比、发泡沫倍数应一致（当单车载泡沫量能够满足一次进攻 30min 的要求时，可用单车代替）。

（4）泡沫消防车自动泡沫比例混合器配比与泡沫混合比调整一致（3% 或 6%）。

（5）泡沫管枪出泡沫验证时，应当确保泡沫发泡充分。

（6）泡沫消防车向罐内注入泡沫应当连续不间断，同时使用不少于 4 条 ϕ65 线路供给泡沫，且连续供给时间不低于 30min。

（7）应当保障泡沫消防车供水不间断。

（8）泡沫消防车泵出口压力不得低于 1.1MPa。

三、内浮顶油罐侧通风孔水流切割灭火编程

1. 训练目的

通过训练，使消防员掌握使用直流水枪扑救内浮顶油罐侧通风孔火灾的程序和方法。

2. 操作程序

指挥员、战斗员佩戴好个人防护装备。指挥员合理确定战斗任务分工，做好战斗展开准备。

听到"开始"口令后，战斗员按照水罐消防车单干线出 3 支水枪（1 号、2 号、3 号）操法展开，分别在储罐上风向第一个侧通风孔两侧设置水枪阵地，1 名战斗员操控三分水器。1 号、2 号水枪对准通风孔中心线下沿 1.5m 处出水形成充实水柱。调整水枪位置和角度，使 2 支水枪充实水柱交叉汇集（形成切线水封），指挥员指挥 1 号、2 号水枪同时沿侧通风孔中心线向上移动，至侧通风孔处，将水封水平切出（罐壁垂直方向），切断通风

孔气体与火焰。

待第一个通风孔明火熄灭后，1 号水枪继续侧切保护，2 号水枪调整方向，配合 3 号水枪以同样的方法扑灭上风向第二个通风孔明火。

之后，以同样的方法依次扑灭储罐上风向剩余通风孔明火后，再使用 1 支水枪逐个切扫扑灭背风向通风孔明火，如图 3 - 13 所示。

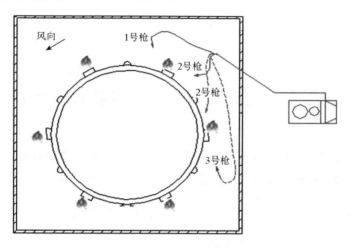

图 3 - 13　内浮顶油罐侧通风孔水流切割灭火

3. 操作要求

（1）严禁水枪正面向通风孔射水，防止水流注入罐体。

（2）驾驶员应缓慢加压，水枪形成充实水柱后，应保持压力。

第四章 液化烃、低温储罐灭火救援作战指南

第一节 液化烃储罐灭火救援作战指南

液化烃储罐主要类型有全冷冻式液化烃储罐、全压力式液化烃储罐、半冷冻式液化烃储罐。储存方式有低温压力储存、常压低温储存、常温压力储存。

一、结构

常见的液化烃储罐分为球形储罐和圆筒形卧式储罐两种。在此，球形储罐作为重点介绍；圆筒形卧式储罐极为罕见，只介绍其结构。

（一）球形储罐

球形储罐由北极板、南极板和赤道带组成（图4-1）。

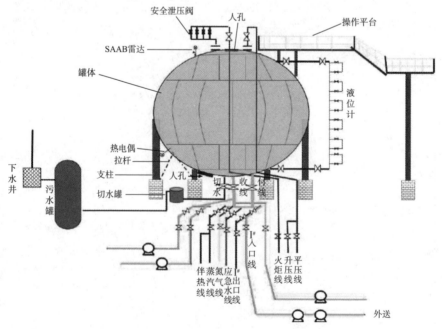

图4-1 球形储罐结构图

圆筒形卧式储罐由椭圆形封头、筒体、支座等结构组成（图4-2）。

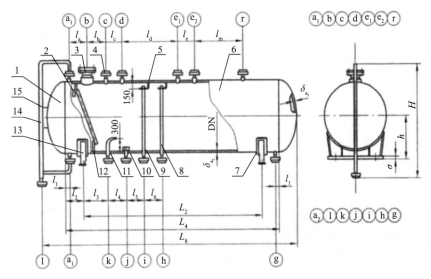

图4-2　圆筒形卧式储罐结构图

1—椭圆形封头；2—内梯；3—人孔；4—法兰接管；5—管托架；6—筒体；7—活动支座；

8—气相平衡引入管；9—气相引入管；10—出液口防涡器；11—进液口引入管；12—支撑板；

13—固定支座；14—液位计连通管；15—支撑

（二）球形储罐安全构件

为了保证球形储罐的安全运行，罐上必须安装压力表、液位计、温度计、安全阀和排污管等附件。

（1）压力表。正常操作的压力为压力表量程的50%，表盘刻度的极限值为罐体设计压力的2倍左右，并在对应于介质的温度40℃和50℃的饱和蒸汽压处涂以红色标记，以示危险压力范围，当储罐内压力超过红色标记时，能与报警装置联动。

（2）液位计。储罐常用的液位计有板框式玻璃液位计和固定管式液位计两种，也有采用浮子跟踪远传式液位指示设备。液位计在85%及15%的位置上应划有红线，以示出球形储罐允许充装的液位上限和下限，当储罐液位高于85%或低于15%时，报警装置能启动发出警报。

（3）安全阀和放空管。在容量较大的储罐上使用全启式弹簧安全阀，而在容量较小的储罐上可使用微启式弹簧安全阀。大型储罐（>100m³）至少设置两个以上的安全阀，且采用同一型号和规格，以保证罐内压力出现异常或发生火灾的情况下，均能迅速排气。

（4）温度计。为控制和掌握储罐内液化烃的温度，需设温度测量仪表来控制和检测。其温度计测温范围为-40~+60℃，并在40℃和50℃两刻度处标以红线，以示危险界限。

（三）球形储罐火灾危险性分析

在球形储罐储存介质为液化石油气状态下。

1. 泄漏原因及部位

球形罐区发生事故频率最大的是储罐泄漏。泄漏主要发生在储罐或罐车的罐体、管道和安全附件等部位。

1）管线腐蚀穿孔泄漏

管线腐蚀穿孔是球形罐区发生泄漏最常见、最危险的情况之一。主要是因为钢制管线外表都有保温层，这些保温材料多孔易吸水，保温层中的水分与钢管长期发生电化学作用而出现锈蚀。另外，液化石油气中通常含有少量的硫和水，钢管内部也易腐蚀，长期的腐蚀使管壁减薄，最终不能承受压力而出现穿孔。

2）管道连接的法兰（密封垫片）老化开裂泄漏

液化石油气仓储转输管道采用法兰连接。法兰连接所采用的垫片通常是石棉橡胶板垫片或金属缠绕垫片。石棉橡胶板垫片回弹力较差，在高温、低温、高压等恶劣工况下容易老化，导致物料泄漏。金属缠绕垫虽有较好的回弹性、耐热性和高强度，但使用时要特别注意尺寸、选型和安装质量，否则将金属缠绕丝压断就容易产生泄漏。

3）阀门的泄漏

阀门是液化石油气仓储中最重要的控制部件。在球形罐罐体上，安装有气相阀、液相阀、排污阀、放空阀等许多阀门。由于阀门频繁的开启、关闭，使阀门的密封填料磨损、老化，产生泄漏。液化石油气中带有的杂质会卡在阀门的密封面上，造成阀门损坏。而且液化石油气中的游离水会沉降在储罐的底部，在冬季，如未及时脱水，就会冻坏阀门。

液化石油气阀门多采用法兰连接，法兰面之间经常出现泄漏。法兰面泄漏的原因一般有三种：法兰面损坏；垫片不合格；安装不合格。法兰面一旦发生泄漏，不要盲目地拧紧螺栓，而应使用专用法兰堵漏器具进行堵漏，同时将罐内的液化气转移，然后由专业检验单位进行处理。

4）罐体的泄漏

液化石油气通常储存在球形压力容器（俗称球形储罐）中。球形储罐长期工作在高压、温差变化和带有腐蚀性介质的环境中，因液化石油气中含有硫、氧，会对球皮产生腐蚀；焊接材料、焊接质量不好、施工安装、热处理不到位会使焊缝在应力的作用下开裂；球形储罐超装、超压会使金属产生疲劳，强度下降；在一定的破损条件下，便会导致罐体的泄漏。

5）安全附件失效引起泄漏

球形储罐的安全附件包括安全阀、压力表、温度计、液体计及紧急切断阀等。安全附件造成的事故有两类：一类是由于安全附件失灵造成储罐超装或超压，导致罐体开裂甚至爆炸；另一类是安全附件本身或与罐体结合部位连接不严，造成泄漏。

（1）安全阀起跳。安全阀起跳有两种原因：一种是由于超装或温度升高而造成的罐体超压，使安全阀起跳，此时，喷出的介质主要是液相，十分危险；另一种情况是安全阀在储罐压力较低时起跳，原因是安全阀起跳压力失控，这时从安全阀冲出的介质主要是气相。

（2）液位计失效。液位计失效造成的事故也可分为两类：一类是由于液位计失灵，造成假液位，导致储罐超装、超压；另一类是液位计在冲洗时，丝堵滑丝或液位计玻璃板破裂，造成液化石油气从液位计泄漏，此类事故一般泄漏量较小。

（3）压力表失灵或泄漏。压力表指示不准，易造成超压破坏，压力表泄漏；可以关闭仪表阀，重新更换安装。

6）过量充装造成的泄漏

由于液化石油气的膨胀系数大，一旦储罐的充装量超过 85%，甚至完全装满液体，没有气相空间时，随着罐内温度升高，压力会迅速上升达到储罐的爆破压力（球形储罐设计压力为 1.77MPa），造成罐体安全阀起跳，甚至罐体撕裂而泄漏。

7）其他违反使用安全要求发生的泄漏

液化气管线因材质老化后受震动、撞击等出现管道破裂，引起泄漏。制造、安装质量低劣而引起的泄漏。球形储罐及液化石油气钢瓶的选材不当，焊接质量差，焊缝错边、裂纹、夹渣、气孔等缺陷，引起罐体焊缝破裂、液化石油气大量喷出。受高温烘烤，罐内急剧增压而在顶部撕口爆裂泄漏。储罐排水作业时，液化石油气夹液混排而泄漏。

2. 球形储罐火灾爆炸的形式和后果

球形储罐火灾爆炸事故大都源于泄漏。根据泄漏形式，泄漏可分为灾难性的储罐瞬间泄漏、储罐裂口处连续泄漏和管路连续泄漏三种情况。根据点火条件的不同，泄漏后主要发生火球、闪火、蒸气云爆炸、喷射火等火灾爆炸的形式和后果。

（1）泄漏时立即被点燃发生燃烧。泄漏液化石油气因摩擦静电、电气火花、雷击、违章动火、设备故障、化学能、其他外界因素等诱因而立即被点燃，产生火球，并在泄漏处形成燃烧。如果发生破裂泄漏的部位在球罐北极板且为球罐半液面以上，破裂泄漏处呈火炬式喷射火。如果发生破裂泄漏的部位在球形罐南极板且为球形罐半液面以下，破裂泄漏处呈溶滴式气液流淌混燃；这种灾情状态会因时间推移，火焰的热辐射和热对流对球形储罐表面的影响加大，着火罐及其邻近罐的内部气化状态、压力以及罐壁温度将发生一系列的热响应变化，会引发罐体破裂、液化石油气大量泄漏和二次闪爆危险。

（2）泄漏扩散形成蒸气云遇火源发生闪燃或爆炸。一般情况下，泄漏发生时立即被点燃的概率较低，多数情况下，泄漏的液化石油气会随着主导风向一起漂移扩散。此时，若应急处置不当，泄漏扩散的液化石油气与空气混合形成爆炸性的蒸气云，遇到点火源被点燃，导致漂移扩散区的蒸气云迅速闪燃甚至化学性爆炸，形成一片火海，火焰并回燃至泄漏口处燃烧。蒸气云爆炸时，会产生巨大的火球、爆炸冲击波和被炸损容器碎片抛出，导致周围人员伤亡，建筑及设备破坏，着火罐及邻近罐的火炬管线、进出料管线被拉断，安全阀、消防喷淋系统损毁，储罐或管线出现多点多形式燃烧，储罐上部气相部分以火炬形式喷射火燃烧，储罐下部液相部分破裂处以溶滴式气液流淌混燃等严重后果。

（3）受热罐体破裂导致罐内沸腾液体扩展为蒸气爆炸。储罐内液化石油气在一定温度压力条件下保持蒸气压平衡，当罐体突然破裂，罐内液体就会因急剧的相变而引起激烈的蒸气爆炸。例如，装有纯丙烷液化气的罐内，在 40℃ 的液温下，它的气相压力约 2MPa。

若罐体突然破裂，则压力将迅速降到常压，使原来40℃的液体处于过热状态。为了恢复平衡，将过热量变作蒸发热，使大部分液体变为常压沸点的蒸气，而将剩余的液体冷却到常压沸点温度，即－42.10℃。因此，在过热液体内部，必然引起液体体积的急剧膨胀与气化，最终因急剧的相变而发生蒸气爆炸。当储罐、设备或附件因泄漏着火后，其本身以及邻近设备均会受到火焰烘烤，受热储罐内部介质在瞬间膨胀，并以高速度释放出内在能量，引发罐体破裂而导致物理性蒸气爆炸；喷出的液化气立即被火源点燃，出现火球，产生强烈的热辐射。若没有立即点燃，喷出的液化气与空气混合形成可燃性气云，遇邻近火源则发生二次化学性爆炸。

3. 球形储罐处置措施

处置基本措施：

（1）冷却降温。罐体发生泄漏或者爆炸事故时，利用雾状水对罐体未着火部位、薄弱部位进行降温冷却以降低罐体内压力，防止出现爆炸。

（2）稀释抑爆。罐体发生泄漏事故时，利用屏障枪、开花水炮等方法对泄漏出来的液化烃气体不断进行稀释，降低空气内爆炸气体浓度。

（3）关阀断料。储罐发生事故时，要根据情况尽早切断进出料阀门，将泄漏或燃烧范围控制在一定区域内。

（4）堵漏封口。罐体发生泄漏未起火时，通过外部观察、注水等方法，第一时间找到泄漏点，合理进行堵漏排险。

（5）稳定燃烧。罐体起火处于稳定燃烧时，应对罐体未着火部位及周围其他罐体进行冷却降温，使着火罐保持稳定燃烧状态，将罐内原料合理消耗尽，切不可随意灭火引发灾害。

二、事故应急处置

（一）罐体泄漏，未发生火灾

1. 事故特点

泄漏主要发生在储罐、罐体、管道和安全附件等部位，具有扩散性、膨胀性、爆炸性、毒害性。

2. 处置措施

1）侦察要点

（1）泄漏发生时间、泄漏罐编号、泄漏发生部位（液相/气相）、泄漏量、扩散方向、波及范围，有无人员伤亡。

（2）储罐类型（全压力/全冷冻、半冷冻），储存方式（低温压力储存/常压低温储存/常温压力储存）。

（3）事故罐容积、液位及实际储量，邻近罐容积、液位及实际储量。

（4）储罐区总体布局、总储量、主导风向、固定消防设施、周边重要单位及设施。

（5）已采取的工艺和防火防爆处置措施，可控程度。

（6）灾情发展趋势及可能导致的危害程度和灾害后果。

2）液化烃泄漏处置措施

（1）关阀止漏。

液化石油气储罐、管道发生泄漏时，紧急关闭储罐输送管道、紧急切断线、输送管道上游等相关联阀门阻止泄漏，断绝液化石油气泄漏扩散源。进行关闭管道阀门处置时，必须在水枪喷雾射流冷却稀释保护条件下进行，关阀人应站在上风向操作，并最好由熟练工操作，使用手钳应有防护层，以免金属撞击产生火花发生危险。

压力球罐底部与管道连接处一般设有三道阀门，常压球罐底部与管道连接处一般设有两道阀门。关闭时，应优先关闭距罐底最远端的阀门。

（2）稀释驱散。

液化石油气储罐或管线发生泄漏事故，在采取控制火源的同时，利用固定喷淋、水炮或移动水炮、水枪、水幕等喷射雾状水对泄漏区扩散的液化石油蒸气云实施不间断稀释，使其浓度降低至爆炸下限以下，抑制其燃烧爆炸危险性。在泄漏点侧风向，宜设置水力自摆移动水炮、无线遥控移动水炮以喷雾射流稀释；在泄漏点下风向，设置水幕水枪以扇形水幕墙稀释，设置距离应根据现场情况确定，一般选择距目测蒸气云消散处 10~15m 为宜。

驱散蒸气云，控制其扩散的方向与范围。常用的有喷雾水枪驱散法和送风驱散法。

①喷雾水枪驱散法。实践证明，用大量喷雾水流驱散液化气云是行之有效的方法。它可以引起空气和水蒸气的搅动对流，起到驱散和稀释液化气的作用。采用这种方法时，喷雾水枪要由下向上驱赶蒸气云，同时还要注意用水稀释阴沟、下水道、电缆沟内滞留的蒸气云。当消防车水泵出口压力为 0.7~0.9MPa 时，用 19mm 口径水枪驱赶的喷流角度在 50°~70°为宜。

②送风驱散法。对于积聚于建筑物和地沟内的液化气云，要采用打开门窗或地沟的盖板的方法，通过自然通风吹散危险气体，也可采取机械送风的方法驱除。

（3）堵漏封口。

①当泄漏点处在阀门之前或阀门损坏，不能关阀止漏时，应使用各种针对性的堵漏器具和方法实施封堵泄漏口，阻止泄漏。进入现场堵漏区的处置人员必须佩戴呼吸器及其他各种防护器具，穿着密封式消防防化服；外围人员要穿纯棉战斗服，扎紧裤口、袖口，勒紧腰带、裤带，必要时全身浇湿进入扩散区。

②当为管道泄漏或罐体孔洞型泄漏时，应使用专用的管道内封式、外封式、捆绑式充气堵漏工具进行堵漏；或用金属螺钉加黏合剂旋拧；或利用木楔、硬质橡胶塞封堵。

③法兰泄漏时，若为螺栓松动引起法兰泄漏，应使用无火花工具，紧固螺栓，阻止泄漏；若法兰垫圈老化导致带压泄漏，可利用专用法兰夹具，夹卡法兰，并在螺栓间钻孔高压注射密封胶堵漏。

④罐体撕裂泄漏时，由于罐壁脆裂或外力作用造成罐体撕裂，其泄漏往往呈喷射状，流速快、泄漏量大，应利用专用的捆绑紧固和空心橡胶塞加压充气器具塞堵的方法。在不

能阻止泄漏时，也可采取疏导的方法将其导入其他安全容器或储罐中。

（4）注水排险。

对于液化石油气从储罐底部泄漏，可以利用水比液化气重的特性，通过向罐内加压注水，抬高储罐内液化石油气液位，将液化气浮到漏口之上，使罐底形成水垫层并从破裂口流出，再进行堵漏作业。常见的事故球罐本体液相法兰处泄漏时，在液化气输送泵入口设临时消防水线设施，通过事故罐底部的输送管道、排污阀向罐内适量注水，隔断液化气的泄漏，配合堵漏，缓解险情。操作中，要防止水压过大而使液化石油气从罐顶部安全阀处排出，根据液化石油气储罐的泄漏情况，可采取边倒液化气边注水的方法。

（5）倒罐输转。

将事故罐液相液化石油气从事故储罐通过输转设备和管线倒入安全装置或容器内，减少事故罐的存量及其可能的危险程度。倒罐技术依靠的是液化石油气储罐的输送装卸工艺设施，常用的方法有：利用进出输送管线的烃泵加压法、静压高位差法和临时敷设管线的导出法。

（6）应急点燃。

在其他方法不能奏效时，在确保绝对安全的前提下，可采取主动点燃泄漏口液化石油气的方法，防止大量泄漏，形成大面积扩散蒸气云，遇点火源爆炸。在人员撤离现场后，用曳光弹或信号枪从上风方向点燃，实施控制燃烧。

3. 风险防控

1）个人防护

进入现场人员需着防静电服或纯棉质衣物，并佩戴空气呼吸器，一线水枪手需着隔热服。

2）注意事项

（1）在泄漏情况下，消防车要停在上风或侧上风方向500m外。

（2）参战人员做好个人防护，所有进入安全警戒区内人员必须着防静电衣物并佩戴空气呼吸器，使用对应防爆等级的防爆灯具、对讲机等。

（3）消防车选择上风或侧上风、地势较高、上无管廊、下无窨井管沟的位置停放，车头朝向便于紧急撤离的方向。

（4）所有进入泄漏处置区作战人员必须实行实名登记，实时监控现场处置动态，一线人员越少越好。

（5）工艺措施应由事故发生单位提出并实施，需进入火场进行处置时，应由生产操作人员和消防人员共同实施，并做好工艺人员保护措施。

（6）全冷冻或半冷动罐的两条黄色的线为冷冻剂出入线，如发生损坏，罐体随时可能爆炸。

（二）罐体泄漏，发生火灾

1. 事故特点

燃烧形态主要分为稳定燃烧、逆风蔓延、大面积燃烧、物理性及连锁式爆炸。

2. 灭火措施

1）侦察要点

（1）火灾爆炸发生时间与部位、闪爆频次、破坏程度。

（2）着火罐编号、燃烧发生部位（液相/气相）、燃烧爆炸形式（火球、闪火、蒸气云爆炸、喷射火）。

（3）储罐类型（全压力/全冷冻、半冷冻）、储存方式（低温压力储存/常压低温储存/常温压力储存）。

（4）事故罐容积、液位及实际储量，邻近罐容积、液位及实际储量。

（5）储罐区总体布局、总储量、主导风向、固定消防设施、周边重要单位及设施。

（6）已采取的工艺和防火防爆处置措施，可控程度。

（7）灾情发展趋势及可能导致的危害程度和危害、灾害后果。

2）战术措施

（1）强力冷却控制。

泄漏源转为爆燃后，若罐底阀门处继续泄漏燃烧，那么燃烧罐很快会发生爆炸；如果在储罐上部开口燃烧，那么邻近罐很快会受烘烤爆炸。燃烧罐和邻近罐在火焰和高温作用下被引爆的时间一般仅为 10～20min。冷却燃烧罐和邻近罐，防止爆炸是火场救援的主要方面，燃烧罐和邻近罐是灭火和控制的主攻目标。指挥员要集中火场主要兵力，立即组织强攻近战，快速抵近燃烧罐和邻近罐，用强水流进行冷却控制。如果稍有优柔寡断，或动作迟缓，此时段攻入罐区时，恰好是储罐爆炸时间。

（2）强制冷却原则。

①利用固定喷淋、水炮或移动水炮、水枪对燃烧罐和邻近罐罐体进行强制冷却降温，重点控制储罐温度、压力不超过设计安全系数、防止罐体应力变化导致罐体破裂出现喷射式泄漏甚至破裂爆炸。

②液化石油气储罐区储罐冷却降温部署顺序应先着火罐后邻近罐，先低液位储罐后满液位储罐，先气相球体部分后液相球体部分，先上风向再侧风向后下风向储罐逐步推进。

③若液化石油气罐区储罐存在多种储存方式，冷却降温部署顺序应按常温压力储罐、低温压力储罐、低温常压储罐依次进行。

④低温常压储罐、低温压力储存罐冷却降温过程中，严禁人为破坏球罐外保温层。

⑤低温常压储罐冷却保护重点部位是物料进出料管线、冷剂进出管线及冷冻机房。

⑥常温压力储罐、低温压力储罐冷却保护重点部位是球体全面积。

（3）放空排险。

液化石油气储罐如发生泄漏着火，储罐受辐射热影响，罐内饱和蒸气压力升高，易导致储罐或管道系统压力超过安全设计系数上限而发生爆炸险情，在冷却罐体的同时可采取紧急放空排险泄压的措施。

放空排险措施主要有两种：

①工艺人员打开远程安全泄压阀和紧急放空阀紧急泄压放空设施，放空物料经密闭管道泄放至火炬系统焚烧放空。

②倒罐泄压，即设置应急管线，使物料安全转移至备用储罐。

（4）安全控烧。

液化石油气储罐发生火灾爆炸事故，储罐输送管道、安全设施遭到破坏，现场不具备倒罐输转、堵漏封口等消除危险源危险条件时，可采取工艺控温、控压、控流方法，实施现场安全可控性稳定燃烧。该方法需在工艺方面侧重储罐温度、压力、流量的控制，防止燃烧过速、辐射热过强、储罐超温破裂，调节手段可采用氮气或蒸汽；在燃烧后期储罐压力低于大气压时，应及时输入惰性气体保持储罐正压，防止回火爆炸。移动消防力量需实时掌握工艺调整变化，在罐体、管线、阀门等燃烧处部署水枪、水炮冷却保护，控制火势不再扩大蔓延，直至燃尽自行熄灭。

（5）水流切封。

组织数支喷雾或开花水枪并排或交叉射出密集水流，集中对准储罐泄漏口火炬状火焰根部下方及其周围实施高密度水流切封，同时由下向上逐渐抬起水射流，利用水汽化吸收大量的热能，在降低燃烧温度的同时稀释液化石油气的浓度，隔断火焰与空气接触，使火焰熄灭。

（6）干粉灭火。

干粉扑救液化石油气火灾效果显著，灭火速度快。在灭火过程中，干粉大量捕捉燃烧中产生的游离基，并与之反应产生性质稳定的分子，从而截断燃烧反应链使燃烧终止。使用干粉灭火剂的量应根据火势的大小、压力的高低和冷却效果的好坏等因素确定，在水枪射流冷却降温罐体的配合下，干粉灭火效果更为显著。

3. 风险防控

1）个人防护

进入现场人员需着防静电服或纯棉质衣物，并佩戴空气呼吸器，一线水枪手需着隔热服。

2）注意事项

（1）在顶部形成稳定燃烧情况下，举高消防车停在60m外。

（2）着火时，在没有冷却情况下，储罐安全扑救时限约为45min。

（3）参战人员做好个人防护，所有进入安全警戒区内人员必须着隔热服、正压式空气呼吸器；配合工艺处置人员必须着避火服、正压式空气呼吸器，对应防爆等级的防爆灯具、对讲机等。

（4）消防车选择上风或侧上风、地势较高、上无管廊、下无窨井管沟的位置停放，车头朝向便于紧急撤离的方向。

（5）所有进入一线作战人员必须实行实名登记，实时监控现场处置动态，一线人员越少越好。

4. 紧急避险

如果灭火时可能危及消防人员安全时，应采取紧急避险。采取紧急避险时，现场的消防人员应立即撤离该区域，并采取措施尽量减少损失。

1）紧急避险的条件

当储罐燃烧或受热烘烤而其安全阀、放空阀等发出刺耳的尖叫声，火焰颜色由红变白、储罐发生颤抖、相连的管道、阀门、储罐支撑基础相对变形等现象时，储罐出现爆炸征兆，就要及时发出警报，立即组织现场人员撤离至安全区域。

2）紧急避险的警报信号和通知方法

现场指挥员应采取各种方式将紧急避险命令通知到每个人，具体信号有：手摇报警器、消防车警报、对讲机、头骨发生器、旗语、哨声等。

第二节　立式低温储罐灭火救援作战指南

液化天然气（LNG）是十大危险化学品之一，具有易燃、易爆的特性，在其生产、储运和使用过程中极易引起爆炸火灾事故，尤其在 LNG 储罐区，储罐集中且储量大，一旦发生爆炸火灾，其产生的爆炸冲击波和爆炸火球、热辐射的破坏作用极大，并且危害范围广，极易导致次生灾害。这类储罐事故常见为管线、阀门损坏，并在损坏处出现液相泄漏，液相冷冻液体边泄漏边气化扩散。

一、结构

立式低温储罐由外套安全装置、外套、内胆、液位计、压力表、阀门操纵系统、真空装置等组成（图 4-3）。

二、事故应急处置

（一）处置基本程序

（1）根据灾情情况调集充足的救援力量，到场后在事故地点上风方向 800m 处集结。

（2）安排人员对警戒区泄漏气体浓度进行不间断监测，并随时与现场指挥员联系。

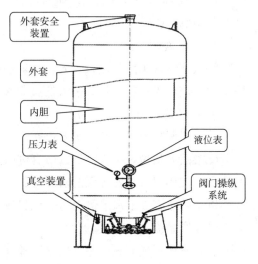

图 4-3　立式低温储罐结构

（3）根据罐体工艺结构进行关阀断料。

（4）如发生泄漏，在泄漏处地下风向设置屏障，进行稀释，并对周围其他罐体进行冷却。

（5）如因泄漏已发生火灾，应控制其稳定燃烧，对周围罐体加强冷却。

（二）立式低温储罐事故应急处置

立式低温储罐可能发生以下两类事故：

1. 罐体泄漏，未发生火灾

1）事故特点

泄漏液体连续蒸发，扩散范围难以准确预测并有毒害性，在气体流经路线上遇到任何微小的火源都能发生燃烧或爆炸。

2）灭火措施

（1）侦察要点：

①泄漏发生时间、泄漏罐编号、泄漏发生部位（液相/气相）、泄漏量、扩散方向、波及范围，有无人员伤亡。

②了解已采取了何种工艺措施。

③观察风向、气雾变化情况，判断可能蔓延的主要方向。

④检测设备、管线温度变化情况，判断设备管线是否有破裂危险。

⑤检测周围空间中的可燃气体浓度，判断空间是否有爆燃危险。

（2）战术措施：

①工艺配合措施：a. 关阀堵漏；b. 倒罐输转。

②消防处置措施：

a. 泄漏点下风向气相区设置双层水幕带稀释，控制火源防止爆炸燃烧。

b. 外罐体出现霜冻说明内胆有破裂点，适时排放内胆含氮量，释放罐内压力。

3）风险防控

（1）个人防护：

深入到气体扩散区域内的人员必须贴体穿着全棉衣服，并佩戴空气呼吸器，穿防静电隔热服，使用无火花工具。进入低温泄漏场所时，应穿防寒服。

（2）注意事项：

①在泄漏情况下，消防车要停在上风、侧上风方向500m外，便于撤离。

②参战人员做好个人防护，所有进入安全警戒区内人员必须着防静电衣物并佩戴空气呼吸器，使用对应防爆等级的防爆灯具、对讲机等。

③消防车选择上风或侧上风、地势较高、上无管廊、下无窨井管沟的位置停放，车头朝向便于紧急撤离的方向。

④未发生罐体着火，不宜用水冷却外罐壁。

⑤严禁对液相云团喷射直流水，避免冷爆炸。

2. 罐体泄漏，发生火灾

1）事故特点

泄漏液体连续蒸发，扩散范围难以准确预测，气体流经路线上形成大面积燃烧或物理性及连锁式爆炸。

2）灭火措施

（1）侦察要点：

①火灾爆炸发生时间与部位、闪爆频次、破坏程度。

②着火罐编号、燃烧发生部位、燃烧爆炸形式（火球、闪火、蒸气云爆炸、喷射火）。

③事故罐和邻近罐的容积、液位及实际储量。

④储罐区总体布局、总储量、主导风向、固定消防设施、周边重要单位及设施。

⑤已采取的工艺和防火防爆处置措施，可控程度。

⑥灾情发展趋势及可能导致的危害程度和危害灾害后果。

（2）战术措施：

①工艺配合措施：a. 关阀堵漏；b. 倒罐输转。

②消防处置措施：

a. 控制燃烧，在未完成工艺处理前，不得盲目将火扑灭。

b. 开启着火罐及邻罐的喷淋设施。固定设施损坏时，通过移动灭火力量冷却着火罐及邻罐。

c. 查明泄漏部位、物料储量情况，制定恰当、合理的关阀、堵漏、断源、倒料措施。

d. 移动消防力量要利用固定水炮、自摆式移动炮、遥控炮、举高车臂架炮对着火罐和相邻罐及周边的设施实施冷却保护，防止发生次生灾害。

e. 当火点位于储罐顶部时，必须有效冷却保护密封处；当火点位于储罐底部时，必须有效冷却保护，位于储罐底部的收腹线接口法兰、阀门。

f. 在实施工艺措施后，确保不会发生二次爆炸的情况下，方能实施灭火处置。

g. 设置观察哨，携带测温仪不间断检测罐壁温度变化情况，与车间工艺人员沟通工艺处置及压力变化情况，并及时向指挥员报告。

h. 如着火管线起火，应关闭两端阀门，冷却周边设备及承重框架，直至自行熄灭。

i. 根据罐壁结霜情况，视情况打水解冻。

3）风险防控

（1）个人防护：

深入到气体扩散区域内的人员必须贴体穿着全棉衣服，并佩戴空气呼吸器，穿防静电隔热服，使用无火花工具。进入低温泄漏场所时，应穿防寒服。

（2）注意事项：

①罐体着火，不宜用水冷却外罐壁，即便发生火灾，也应根据现场情况冷却外罐壁。

②对液相云团喷射直流水，避免冷爆炸。

③阵地应选择靠近掩蔽物的位置。

④堵漏或未能关阀断料时，严禁灭火。

⑤安全阀如损坏，应注意及时撤离。

4）紧急避险

当储罐燃烧或受热烘烤而其安全阀、放空阀等发出刺耳的尖叫声，火焰颜色由红变白，储罐发生颤抖、相连的管道、阀门、储罐支撑基础相对变形等现象时，储罐出现爆炸征兆，就要及时发出警报，立即组织现场人员撤离至安全区域。

（1）紧急避险的条件：

①火灾现场没有充足的消防人员、消防设施，不能确保安全地扑灭火灾。

②没有充足的消防冷却水和泡沫等，不能提供规范规定的供给强度和供给时间。

③罐体发生大量泄漏，可能危及消防人员的安全。

（2）紧急避险的警报信号和通知方法：

现场指挥员应采取各种方式将紧急避险命令通知到每个人，具体信号有：手摇报警器、消防车警报、对讲机、头骨发生器、旗语、哨声等。

第三节　附　　件

一、液化烃球罐液相泄漏堵漏操（固定系统注水）

1. 训练目的

通过训练，使消防员掌握利用固定注水系统向液化烃球罐注水，处置球罐液相泄漏事故的技战术、程序、方法。

2. 适用范围

液化球罐液相阀门、法兰处泄漏，固定注水系统完好。

3. 场地器材

在事故罐区上风方向 500m 处设置车辆集结区，可燃、有毒气体侦检仪 4 套，一级化学防化服 4 套，空气呼吸器若干。

4. 操作程序

指挥员、战斗员佩戴好个人防护装备。指挥员根据现场灾情处置需要，合理确定战斗任务分工，做好作战准备。

听到"开始"口令后，侦检组对事故区域进行侦检，根据侦检结果科学实施警戒。

1 名战斗员（内观察哨）迅速到达 DCS 控制室，通过控制室及时查看球罐温度、压力、液位等状态参数，及时报告指挥员。

1 名战斗员及时确认工艺人员关闭事故罐雨排化污阀门。

1 名战斗员（外观察哨）迅速到达泵房，协助技术人员开启、切换相关注水管线阀门，启动注水泵向事故罐注水。

2 名战斗员利用罐区高压消防管网消火栓，距离事故罐下风向 7～15m 处设置屏封水枪或喷雾水炮，稀释驱散泄漏液相介质气化后的气体。

指挥员配合厂区技术人员制作堵漏卡具，会商堵漏方案，并组织堵漏小组进入泄漏部位实施堵漏，如图4-4所示。

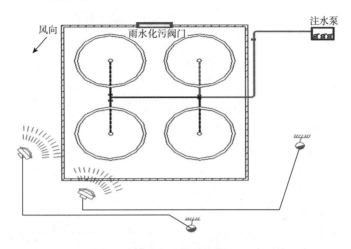

图4-4 液化烃球罐液相泄漏堵漏操（固定系统注水）

5. 操作要求

（1）现场禁绝一切火源。

（2）进入危险区域实施堵漏任务的作战人员必须着一级化学防护服，佩戴空气呼吸器，携带防爆通信器材。

（3）注水过程中，内观察哨及时查看液位动态情况。

（4）注水压力不低于1.2MPa。

（5）罐区消火栓管网为临时高压管网时，应及时启动消防泵给管网增压。

（6）禁止向液相泄漏介质喷射直流水。

二、液化烃球罐液相泄漏事故处置操（半固定系统注水）

1. 训练目的

通过训练，使消防员掌握利用半固定注水系统向液化烃球罐注水，处置球罐液相泄漏事故的技战术、程序、方法。

2. 适用范围

适用于球罐具有固定及半固定注水系统，球罐液相阀门、法兰处泄漏，因注水泵故障、停电等原因，固定注水系统无法使用的情况。

3. 场地器材

在事故罐区上风方向500m处设置车辆集结区，事故罐区前50m处停放3辆水罐车（流量大于80L/s），可燃、有毒气体侦检仪4套，一级化学防化服4套，空气呼吸器若干。

4. 操作程序

指挥员、战斗员佩戴好个人防护装备。指挥员根据现场灾情处置需要，合理确定战斗任务分工，做好作战准备。

听到"开始"口令后，侦检组对事故区域进行侦检，根据侦检结果科学实施警戒。

1 名战斗员（内观察哨）迅速到达 DCS 控制室，通过控制室及时查看球罐温度、压力、液位等状态参数，及时报告指挥员。

1 名战斗员及时确认工艺人员关闭事故罐雨排化污阀门。

2 名战斗员从消防车敷设 2 条水带线路，连接半固定注水接口，向事故罐注水。

4 名战斗员从消防车敷设水带线路，在距离事故罐下风向 7～15m 处设置屏封水枪或水幕水带，稀释驱散泄漏液相介质气化后的气体。

指挥员配合厂区技术人员制作堵漏卡子，会商堵漏方案，并组织堵漏小组进入泄漏部位实施堵漏，如图 4-5 所示。

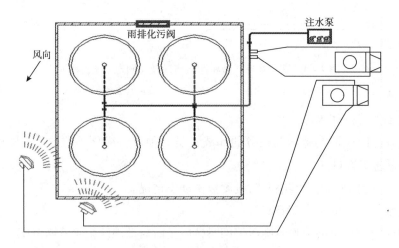

图 4-5　液化烃球罐液相泄漏事故处置操（半固定系统注水）

5. 操作要求

（1）现场禁绝一切火源。

（2）进入危险区域实施堵漏任务的作战人员应当穿着防静电内衣和一级化学防护服，佩戴空气呼吸器。

（3）注水过程中，内观察哨及时查看液位动态情况。

（4）现场作战指挥人员应当使用防爆通信器材。

（5）注水压力不低于 1.2MPa。

（6）禁止向液相泄漏介质喷射直流水。

三、液化烃球罐液相泄漏稀释隔离操（无注水系统）

1. 训练目的

通过训练，使消防员掌握处置无注水系统液化烃球罐液相泄漏事故的技战术、程序、方法。

2. 适用范围

适用于无固定注水系统的液化烃球罐液相阀门、法兰处泄漏时的情况。

3. 场地器材

在事故罐区上风方向 500m 处设置车辆集结区，事故罐区前 50m 处停放 1 辆水罐车（流量大于 80L/s），可燃、有毒气体侦检仪 4 套，一级化学防化服 4 套，空气呼吸器若干。混凝土若干袋（或方砖若干块）。

4. 操作程序

指挥员、战斗员佩戴好个人防护装备。指挥员根据现场灾情处置需要，合理确定战斗任务分工，做好作战准备。

听到"开始"口令后，侦检组对事故区域进行侦检，根据侦检结果科学实施警戒。

1 名战斗员（内观察哨）迅速到达 DCS 控制室，通过控制室及时查看球罐温度、压力、液位等状态参数，及时报告指挥员。

1 名战斗员及时确认工艺人员关闭事故罐雨排化污阀门。

4 名战斗员利用罐区消火栓或从消防车敷设水带线路，在距离事故罐下风向 7～15m 处设置屏封水枪或水幕水带，稀释驱散泄漏液相介质气化后的气体。

堵漏组搬运混凝土在泄漏处周围设置围堰，并缓慢向泄漏处喷射少量雾状水，使泄漏部位逐渐结冰，直至冰层封堵泄漏部位。

泄漏封堵成功后，协调单位技术人员采取倒罐等工艺措施转移球罐物料，如图 4-6 所示。

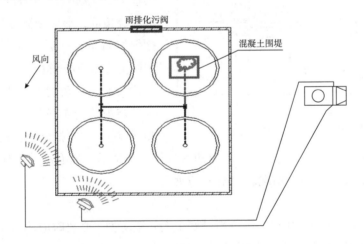

图 4-6 液化烃球罐液相泄漏稀释隔离操（无注水系统）

5. 操作要求

（1）现场禁绝一切火源。

（2）堵漏组作战人员应当穿着防静电内衣和二级化学防护服，佩戴空呼器。

（3）现场作战指挥应当使用防爆通信器材。

（4）禁止向液相泄漏介质喷射直流水。

四、液化烃球罐火灾冷却保护操

1. 训练目的

通过训练，使消防员掌握液化烃球罐火灾的处置技战术、程序、方法。

2. 适用范围

适用于液化烃球罐气相部分撕裂，形成喷射式火焰的情况。

3. 场地器材

在罐区外上风向500m处设置车辆集结区，罐区50m处停放水罐消防车7辆，可燃、有毒气体探测仪4套，移动炮、自摆炮若干。

4. 操作程序

指挥员、战斗员佩戴好个人防护装备。指挥员根据现场灾情处置需要，合理确定战斗任务分工，做好作战准备。

听到"开始"口令后，侦检组对事故区域进行侦检，根据侦检结果科学实施警戒。

1名战斗员进入厂区DCS控制室，观察事故罐区球罐温度、压力、液位等状态参数，及时向指挥员报告。

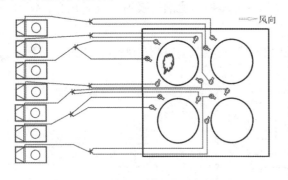

图4-7 液化烃球罐火灾冷却保护操

战斗员使用水罐消防车或罐区消火栓连接移动炮或自摆炮，在着火罐四周架设1门移动炮、3门自摆炮，移动炮对准球罐顶部，形成漫流冷却罐体，3门自摆炮均匀布置在罐体周围，对准球罐液位线上方约50cm处实施冷却。在毗邻罐各架设1门移动炮、2门自摆炮，其中，移动炮射流对准球罐顶部，形成漫流冷却罐体，2门自摆炮布置在迎火面，对准球罐液位线上方约50cm处实施冷却。冷却水炮设置完成后，所有战斗员应当及时撤离到安全区域，远距离观察罐区情况，如图4-7所示。

5. 操作要求

(1) 设置移动水炮的作战人员应当做好个人安全防护，必要时应使用喷雾水枪掩护。

(2) 现场作战指挥应当使用防爆通信器材。

(3) 冷却应当均匀，不留空白点。

(4) 着火球罐液位较高时，切忌扑灭正在燃烧的火焰。

(5) 着火球罐液位较低，火焰明显变短时，应及时采取注氮或水流切封法扑灭明火，防止回火，同时采取注氮吹扫和喷雾水流稀释驱散的方法处理剩余液化烃。

第二篇

撬车类灭火救援作战指南

第五章　撬车灭火救援作战指南

第一节　CNG撬车

压缩天然气（CNG）是天然气加压并以气态储存在容器中。它与管道天然气的组分相同，主要成分为甲烷。CNG可作为车辆燃料使用。

CNG的特性（图5-1）：

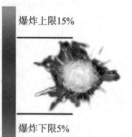

图5-1　理化性质示意图

（1）燃烧有三种形态：燃烧、爆炸、爆燃。

（2）爆炸极限：5%~15%。

（3）密度：比空气轻，气态密度常态下约为空气的0.5548。

（4）临界参数：任何气体在温度低于某一数值时都可以等温压缩成液体，但高于该温度时，无论压力增加多少，都不能使气体液化。可以使气体压缩成液态的这个极限温度称为临界温度。当温度等于临界温度时，使气体压缩成液体所需的压力称为临界压力，此时的状态称为临界状态。气体临界状态下的温度、压力、密度分别称为临界温度、临界压力、临界密度。天然气中CH_4的临界温度为$T_c = -82.6℃$；临界压力为$P_c = 4.62MPa$。

一、类型及结构

（一）安瑞克CNG撬车

安瑞克CNG撬车主要由半挂车、框架、大容积无缝钢瓶、前端安全舱、后端操作舱五大部分组成（图5-2）。

安全附件包括：安全阀、爆破片、压力表、液面计、温度计、紧急切断装置、管接头、人孔、管道阀门、导静电装置等

图5-2　安瑞克CNG撬车结构图

（图 5 - 3 和图 5 - 4）。

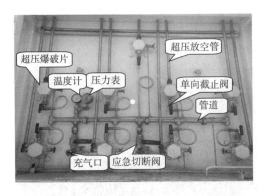

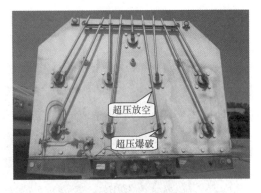

图 5 - 3　安瑞克 CNG 撬车后部——操作舱　　　　图 5 - 4　安瑞克 CNG 撬车前部——安全舱

（二）武汉船机天然气 CNG 撬车

武汉船机天然气 CNG 撬车主要由半挂车、储气钢瓶、中部操作箱等部分组成（图 5 - 5）。

图 5 - 5　武汉船机天然气 CNG 撬车结构图

武汉船机天然气 CNG 撬车中部操作箱内主要由温度计、压力表、耐震压力表、充气口、泄压阀等组成（图 5 - 6）。

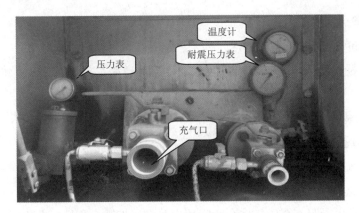

图 5 - 6　武汉船机天然气 CNG 撬车中部——操作箱

（三）大（小）瓶组 CNG 运输车

大（小）瓶组 CNG 运输车主要由运输车、瓶组箱、操作舱和气瓶构成（图 5 - 7 和图 5 - 8）。

图 5 - 7　大瓶组 CNG 运输车

图 5 - 8　小瓶组 CNG 运输车

大（小）瓶组 CNG 运输车操作舱内主要由压力表、充气口、瓶组连接管、瓶组开关等组成（图 5 - 9 和图 5 - 10）。

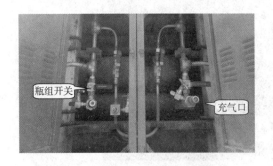

图 5 - 9　大瓶组 CNG 运输车操作舱

图 5 - 10　小瓶组 CNG 运输车操作舱

二、事故应急处置

（一）事故分类

CNG 撬车可能发生以下两类事故：

（1）CNG 撬车发生追尾、撞击、碰擦、坠落等道路交通事故后，操作箱内管道、阀门等受到损坏，导致高压气体泄漏。

（2）CNG 撬车后操作箱各集束管阀门及管道连接处，易形成带压火炬式燃烧。

（二）事故基本处置措施

1. 高压气体泄漏

1）事故特点

CNG 撬车发生泄漏，高压气体会瞬间喷出并迅速扩散，高压气瓶组吸热结霜，易造成人员冻伤；泄漏前方若有人员走动，则会造成气流切割受伤。

2）处置措施

（1）侦察要点。

①查明泄漏部位，利用仪器探测周边泄漏气体浓度。

②工艺流程情况及已经采取的工艺措施。

③了解罐内储物介质基本情况，例如泄漏时间、泄漏速率、放空时间等。

④侦察撬车及罐体受损情况。

⑤观察撬车状态。

（2）战术措施。

①工艺配合措施。

在保证安全的前提下，关闭其他未受损的集束管截止阀。如 CNG 长管拖车发动机使用该车集束管组燃料，应及时关闭连接阀门。

②消防处置措施。

a. 事故撬车两侧部署长干线移动水力自摆炮对集束管组表面强制冷却降温（图 5 - 11）。

b. 周边部署水幕发生器或者水幕水带稀释扩散气体（图 5 - 12）。

c. 原则上，不堵漏、不转输、不倒罐，监控至将事故集束管介质泄放完为止。

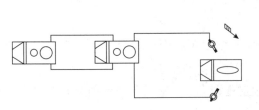 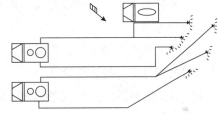

图 5 - 11 罐体冷却部署示意图　　　　图 5 - 12 气体稀释部署示意图

3）风险防控

（1）个人防护。

战斗员应着全棉衣物，使用无火花工具，深入气体扩散区域人员应穿防寒服、佩戴空气呼吸器。

（2）注意事项。

①封闭道路，以事故罐车为中心划定 500 ~ 1000m 警戒区，控制警戒区域内的人员。

②全面消除警戒区域内的火源。

③划定 100 ~ 150m 处置区，选择上风向车辆站位（图 5 - 13）。

2. 集束管组燃烧

1）火灾特点

呈带压火炬式燃烧，火焰长、辐射热强，

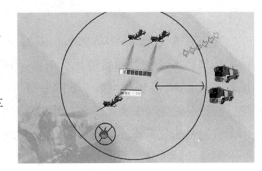

图 5 - 13 区域划分示意图

处置时间跨度大，控制不当易发生爆炸，导致事故扩大。

2）处置措施

（1）侦察要点。

①查明事故撬车实际储存量、泄漏位置和泄漏强度。

②了解工艺流程情况及已经采取的工艺措施。

③时刻观察当时气象条件。

④了解周边环境和可利用水源情况。

⑤注意观察撬车燃烧情况。

（2）战术措施。

①事故车两侧部署长干线移动水力自摆炮对集束管组表面强制冷却降温，力量部署到位后，人员应及时撤离到安全区。

②控制燃烧的关键是保障水源持续供给，编程上用大流量车出 2 支移动炮干线，其他车辆转运供水，控制集束管组不爆炸、不扩展即达到战术目的。

3）风险防控

（1）个人防护。

做好个人防护，必要时着隔热服、佩戴空气呼吸器。

（2）注意事项。

①应选择上风向车辆站位，严禁在 CNG 长管拖车尾部停留或部署力量，以防止高压气体或阀门管线等意外打击伤害。

②集束管燃烧后期，火焰逐渐缩短、辐射逐渐降低，应避免直流射流直接冲击集束管口，防止集束管回火闪爆。

③明火熄灭后，需要检查确认集束管组是否带压，如仅为个别集束管燃烧，其他集束管需继续冷却至常温，后续按事故车转移处置。

第二节　LPG 罐车

液化石油气（Liquefied Petroleum Gas 简称"LPG"）是一种透明、低毒、有特殊臭味的无色气体或黄棕色油状液体；闪点 -74℃；沸点 -42 ~ 0.5℃，引燃温度 426 ~ 537℃；爆炸下限 1.5%，爆炸上限 9.65%；不溶于水，由液态变为气态时，体积扩大 250 ~ 350 倍。液化石油气气态密度较大，约为空气的 1.5 ~ 2 倍。

液化石油气低毒，中毒症状主要表现为头晕、头痛、呼吸急促、兴奋，或嗜睡、恶心、呕吐、脉缓等，严重时会出现昏迷甚至窒息死亡。直接接触液化石油气会造成冻伤，对人体有麻醉作用和刺激作用。

目前，我国液化石油气的主要成分有丙烷、正丁烷、异丁烷、丙烯、丁烯 -1、异丁烯、顺丁烯－2、反丁烯－2 共 8 种。液化石油气汽车罐车的介质充装比通常为 60% 丁烷、30% 丙烷和 10% 的烯烃、炔烃类碳三、碳四，不同厂家的产品，或同一厂家不同批次的产品，各种烷烃、烯烃的含量会在此基础上有所差异。

装载丁二烯、丁烯－1、异丁烯、顺丁烯－2、反丁烯－2 等运输车辆不能轻易采取倒罐法处置，罐装、运输过程中严格控制氧含量 <300μg/g，0.1%；保持正压，罐温 不高于 27℃，与金属铁离子加速生成过氧化物，与铜、银、汞、镁接触生成乙炔化物爆炸物，应避免丁二烯聚过氧化物自催化、自燃、分解、爆炸。

一、类型及结构

（一）类型

LPG 罐车是用于公路运输液化石油气的特种车辆，罐体的设计压力为 1.8 ~ 2.2MPa，设计温度为 50℃，目前国内主要使用的液化石油气罐车分为半拖挂式（图 5 - 14）和固定式两种（图 5 - 15）。

图 5 - 14　半拖挂式罐车

图 5 - 15　固定式罐车

（二）结构

按照功能来划分，液化石油气罐车主要包括：底盘、罐体、装卸系统与安全附件四个部分（图 5 - 16）。

装卸系统：主要包括液相和气相的进出口阀门及管路（图 5 - 17）。

安全附件：主要包括紧急切断阀、消除静电装置、安全泄放装置、液位计、压力表、温度计等。

图 5 – 16　液化石油气汽车罐车结构图

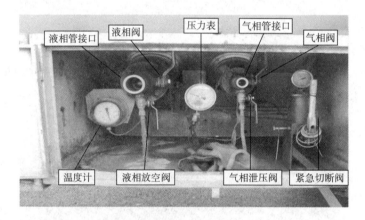

图 5 – 17　装卸系统

紧急切断阀：

（1）紧急切断阀常用的有液压式、机械牵引式两种。

（2）固定式罐车一般采用机械牵引式（紧急切断阀在罐底，机械牵引控制拉杆在阀箱）。

（3）半拖挂式罐车一般采用液压式（紧急切断阀在液相/气相阀管路附近，液压控制开关和易熔塞在车尾或车头部）。

液压式紧急切断阀由紧急切断阀手摇泵、控制管路组成。装卸罐车时，用手摇泵加压，通过液压油路传递压力，将紧急切断阀开启装车，应急处置时，将手摇泵上或设在车尾部的泄压阀开启，紧急切断阀即关闭。

液位计：指用来观察与控制罐车充装液体量（容积或质量）的装置，一般设于罐车尾部，常用的有螺旋式、浮筒式、滑管式。当罐车倾翻角度大于 30° 时，液位计会失灵，即无法根据其判断液位（图 5 – 18）。

安全泄放装置：主要指安全阀与爆破片组合的安全泄放装置。此装置的安全阀与爆破片串联组合并与罐体气相相通，设置在罐体上方。安全阀有凸起式和下凹式两种，因为结构轻便紧凑，灵敏度较高以及对振动敏感性小等优点，目前罐车一般选用下凹式弹簧安全阀（图 5 – 19）。

(a)半拖挂式罐车　　　　　　(b)固定式罐车

图 5 - 18　半拖挂式和固定式罐车

图 5 - 19　固定式罐车

　　温度计：指用来监测罐内介质温度的装置。在事故处置过程中，温度控制有时比压力更加严格。因为液化石油气的体积膨胀系数是同温度水的 10～16 倍，当温度升高到罐体设计安全系数值时，安全阀会频繁跳起，严重者甚至会造成管线、罐体破裂或物理爆炸（图 5 - 20）。

图 5 - 20　压力表、温度计

二、事故应急处置

（一）事故分类

1. 未泄漏事故

罐车受损未泄漏和倾翻受损未泄漏两种事故类型。由于罐体受到损伤，其耐压性能降低，任何偶然因素都可能造成罐体的灾难性瞬间泄漏。根据点燃时间及泄漏相态的不同，产生火球或发生蒸气云闪爆。

2. 泄漏事故

罐车因撞击、擦碰等原因受损泄漏和倾翻、坠落等原因受损泄漏两种事故类型。由于事故罐体发生泄漏，根据泄漏相态不同，液化石油气与空气形成爆炸蒸气云或蒸气——液滴气云。

3. 泄漏燃烧爆炸事故

罐车受损、倾翻导致泄漏燃烧的事故。罐体由于受热易发生热失效，沸腾液体迅速蒸发扩散发生蒸气云爆炸，产生火球。由于爆炸时泄漏物动量并未完全损失，因此风力对爆炸影响较小，爆炸的破坏范围主要与液化石油气载液量有关，通过冲击波和火球对周边人员、建筑造成伤害与破坏。由于蒸气云爆炸与液化石油气载液量及临界破裂压力有关，可由模拟软件计算出爆炸的大致危害范围。

（二）事故基本处置措施

1. 冷却降温

指当液化石油气汽车罐车罐体受损、泄漏或着火时，利用雾状水对罐体冷却降温，以达到降低罐体内压、防止罐体破裂目的的一种处置措施。

注意事项：

（1）罐体冷却均匀，不留空白，防止罐内温升与压力变化导致气相部分产生膨胀，液相部分出现冷缩，罐体受力不均出现裂缝。

（2）对于满液位倾翻状态的罐车，不能对安全阀部位射水，防止液态石油气泄漏过程气化吸热，喷射水流冻结安全阀引起罐内压力剧升（图5-21）。

(a)正确的冷却方法　　　　(b)错误的冷却方法

图5-21　冷却方法

2. 稀释抑爆

指当液化石油气汽车罐车发生泄漏时，利用喷雾水枪和水幕水枪出雾状水对泄漏的液化石油气进行不断稀释，降低现场可燃气体浓度，以达到抑制爆炸的目的。

注意事项：

（1）由于直流水与罐壁碰撞时会产生静电，因此，在稀释抑爆的过程中，不能喷射直流水。

（2）当液化石油气从管口、喷嘴或破损处高速喷出时易产生静电，因此，在稀释抑爆的过程中，排险组应及时将罐体尾部及阀门箱内的接地线接入大地。

3. 放空排险

指当液化石油气汽车罐车罐体泄漏无法处理时，在冷却罐体的同时利用喷雾水稀释泄漏的液化石油气，等待罐内液体自然泄完。

注意事项：

采取放空排险措施前，应根据地理环境、风向确定危险区范围；划定警戒区管控火源（图5-22）；气相排放并控制排放流速；下风向设水幕水枪稀释；具备条件起吊转运。

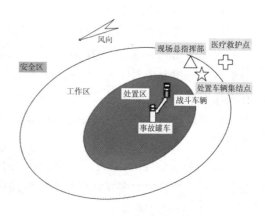

4. 关阀断料

指当液化石油气汽车罐车发生撞击、碰擦、倾翻等意外事故，导致阀门箱内充气液相阀门或管路破裂泄漏，通过关闭紧急切断阀制止泄漏的应急措施。

图5-22　区域划分示意图

注意事项：

若液压式紧急切断阀无法正常关闭，排险组需在水枪组的掩护下，携带无火花工具，通过破拆管路或构件的方法应急泄压，达到关闭紧急切断阀的目的。可选择的破拆部位有两处：一是油管路；二是油管路上的易熔塞（图5-23）。

(a)拆卸油管路　　　　(b)拆卸油管路　　　　(c)易熔塞和油路
　　　　　　　　　　　　　　　　　　　　　1—易熔塞；2—油路

图5-23　拆卸油管路和易熔塞

5. 堵漏封口

指有针对性地使用各种堵漏器具和方法实施封堵漏口，制止泄漏的一种措施。

根据罐车罐体构件构成及功能的不同，其事故状态下易发生泄漏的部位主要有：罐车本体、安全阀、气（液）相装卸阀门、其他安全附件等（图5－24）。

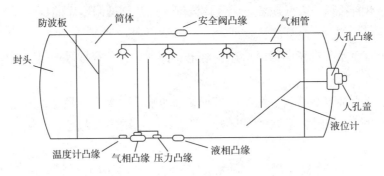

图5－24 易发生泄漏部位

1）罐车本体的堵漏

（1）罐体位置的堵漏。罐车本体的泄漏主要发生在两个部位，即筒体和封头。筒体部位易出现小孔或裂缝，可利用堵漏枪工具进行堵漏；若漏口压力较小，可利用木楔堵漏；若漏口压力较大且不规则，可利用外封式堵漏袋或者强磁堵漏工具进行堵漏；若泄漏发生在罐体下半部，堵漏不易实施，可通过注水抬高罐内液化石油气液位，使罐底形成水垫层并从破裂口流出，再进行堵漏作业；若泄漏口压力过大，也可采取边倒液边注水的方法配合堵漏。

（2）封头位置的堵漏。因为其半球形的特殊结构，现有的很多堵漏工具都难以与之契合，在实际处置中大多视情况利用软体强磁堵漏工具或堵漏枪进行堵漏。

2）安全阀的堵漏

（1）安全阀异常开启的堵漏。主要有两种情况：一种是安全阀内置弹簧疲劳或发生折断，使阀瓣始终处于被顶起的状态，发生气相泄漏，可通过调整安全阀机械结构来消除泄漏；另一种是满液位液化石油气汽车罐车发生倾覆，罐内气压升高顶开安全阀泄压，满液位液相部分从阀口溢出，可利用泡沫对流出的液相部分进行覆盖，不要向安全阀喷水。

（2）安全阀法兰密封处的堵漏。当泄漏压力较低时，可以通过缠绕金属丝或捆扎钢带进行注胶堵漏；若泄漏压力较大，可以根据安全阀座法兰同罐体连接法兰的间隙大小选择合适的法兰夹具，通过对夹具位置形成的密闭空腔注胶来实现堵漏。

（3）安全阀整体断裂的堵漏。罐车安全阀略微突起于罐体顶部，液化石油气汽车罐车通过桥涵、限高架时，安全阀很容易因机械碰撞而发生整体断裂。堵漏方法主要有三种：一是利用外封式堵漏袋和棉被进行捆绑堵漏；二是利用强磁堵漏工具进行罩盖堵漏；三是利用现场制作堵漏夹具进行堵漏。

3）气（液）相装卸阀门的堵漏

若阀门连接法兰处发生泄漏，处置人员可以通过缠绕金属丝或捆扎钢带进行注胶堵漏；若阀门内填料发生泄漏，处置人员可以开孔注胶进行堵漏；若阀门法兰连接处的球体发生泄漏，可根据漏口形状的不同，采取木楔或堵漏枪进行堵漏。

4）其他安全附件的堵漏

（1）液位计的堵漏。目前消防部队采用最多的是嵌入式木楔堵漏。

（2）温度计的堵漏。由于其连接法兰过小，宜用缠绕金属丝或捆绑胶带注胶法进行堵漏。

（3）压力表的堵漏。当压力表或其外部连接管路被撞断时，只要针形阀没有遭到破坏，处置人员就可通过关闭针形阀来阻止泄漏。若针形阀连同压力表一齐被撞断，可拆下断裂接管，利用法兰盲板堵漏。

6. 倒罐输转

指通过自然压差或利用输转设备将液化石油气液态组分通过管线从事故罐体中倒入安全罐内的操作过程（图5-25）。

图5-25　导罐转输示意图

适用情况：

一是罐车罐体受损未泄漏或泄漏被封堵，由于载重大不宜直接起吊，需通过倒罐导出一部分液体；二是罐车罐体泄漏无法完全封堵或发生小量泄漏不能止漏，可通过倒罐输转的方法控制泄漏量以配合其他处置措施的实施。

注意事项：

（1）倒罐方案必须经过专家咨询组的反复论证，在安全的操作环境下组织实施。

（2）实施过程中要有专家在场，以应对突然出现的技术性难题。

（3）倒罐过程中，水枪组和水幕组要在罐体周围及下风方向布置水幕水枪及水幕发生器，以应对突发情况。

（4）使用压缩气体加压法倒罐时，若罐车发生倾翻，罐内气相管被液相液化石油气淹没，要将事故罐气相阀与转移空罐液相阀相连、液相阀与转移空罐气相阀相连来进行倒罐。

（5）使用烃泵加压法倒罐和压缩机加压法倒罐时，要使用防爆设备。

（6）使用压缩气体加压法和压缩机加压法倒罐时，需确定事故罐的漏口已完全被封堵，不会因为罐内压力的升高而再次破裂泄漏。

（7）根据罐车事故所处状态，决定事故罐与空罐气、液相连接管口。

7. 引流控烧

通过主动点燃、控制燃烧的方式消除现场危险因素的一种处置措施（图5-26）。

图5-26　引流控烧示意图

适用情况:

当液化石油气汽车罐车发生泄漏,经初步处置泄漏量已经减小,或者液化石油气事故罐车未发生泄漏,又不具备介质倒罐、吊装转运条件时,可以通过阀门接出引流管至安全区域排放点燃,以消耗事故罐内液化石油气组分,达到排险的目的。

注意事项

如现场气体扩散已达到一定范围,点燃很可能造成爆燃或爆炸,产生巨大冲击波,危及救援力量及周围群众安全,造成难以预料后果,不能采取引流控烧措施。

图5-27　吊装转运示意图

8. 吊装转运

将液化石油气事故罐车或罐体起吊后,利用平板车拖运或牵引车牵引将事故罐车安全转移的一种处置措施(图5-27)。

适用情况:

一是罐车虽受损或倾翻,罐体处于安全受控状态,但车辆不具备行驶条件,需吊装转运消除危险源;二是罐车罐体或阀门管线泄漏,经采取冷却降温、稀释抑爆、关阀断料、堵漏封口、引流控烧等措施排险后,需要转移至安全区域进一步处置。

注意事项:

(1) 在捆绑罐体时,需先用黄油浸湿吊索和吊钩,防止吊索扭曲及摩擦产生火花。

(2) 若事故罐内液相液化石油气较多,不宜使用单钢丝绳起吊,以防止事故罐在起吊过程中出现晃动或掉落。起吊前,要检查罐体内压力有无异常,如发现压力异常,应先行处置,保证压力正常后才能吊装。

起重车辆的选调:

起吊作业吊车选择可通过起重机厂商提供汽车吊机额定性能表查询,估算出吊车的需求数量及额定起重量。例如,要吊起一台总质量(罐车及其载液量)为50t的事故罐车,至少需要调集两辆50t的吊车。若罐体温度已降至常温,压力降至0.3~0.4MPa之间,或罐体内液面降至1/4，可按罐车及其载液质量正常状态选择起重吊车，否则要在此质量的基础上增加一倍来选择吊车和吊索。

转运车辆的选调：

（1）半挂式罐车的转运。半挂式罐车的罐体通过转盘与牵引车的后轴支点相连接。若车头损毁严重，或车头损毁较轻但动力系统损坏，可分开吊装车头和罐体，通过就近调集半挂车车头来完成对此类事故罐的转运；若车头并未损毁，尚可以行驶，可通过整车起复的吊装方式让事故罐车自行开到安全区，由消防和交警部门负责沿路监护。

（2）固定式罐车的转运。固定式罐车的储液罐永久性牢固地固定在载重汽车底盘大梁上，不易将车头与罐体分离，因此只能采取整车起吊的方式。若罐车未损毁，尚可以行驶，可由其自行行驶至安全区；若罐车动力系统损毁，轮胎及刹车系统完好，可由牵引拖车牵引至安全区；若罐车整体损毁严重，不能被牵引，可将整个罐车固定于大吨位平板拖车上运往安全区。

9. 安全监护

指对需要转移的事故罐车实施的行进过程监护。

适用情况：

事故罐车经初步处置后，仍不能完全排除险情，而现场又不具备进一步处置的条件，可通过监护的方式将罐车转移到安全区域进行二次处置。

编成实施要则：

主要由消防和交警部门协同实施。护送过程中，交警部门派一辆警车作为先导车开道，在事故罐车后方，消防部门出一辆重型水罐车

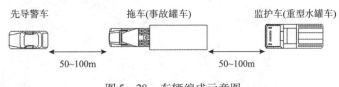

图 5-28 车辆编成示意图

监护，若发现罐体发生泄漏，应立即停车，在液化石油气应急救援专家的指导下，对事故罐车出现的紧急情况进行应急处置（图 5-28）。

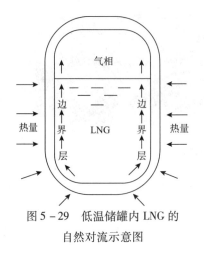

图 5-29 低温储罐内 LNG 的自然对流示意图

第三节 LNG 槽车

液化天然气，简称 LNG。先将气田生产的天然气净化处理，再经超低温（-162℃）液化就形成液化天然气，体积约为气态时体积的 1/620。其主要危险性在于易燃、易爆的特性，此外，LNG 还具有沸腾与翻滚、低温冻伤、低温麻醉、窒息、冷爆炸等危险（图 5-29）。

一、结构

LNG 槽车主要用作运输液化天然气。LNG 槽车的液罐通过 U 形副梁固定在汽车底盘上，增压蒸发器置于车的右侧，管路控制系统集中布置在后操纵箱内。液罐为真空粉末绝热卧式夹套容器，双层结构，由内胆和外壳套合而成。

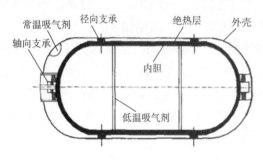

图 5 - 30　LNG 槽车罐体结构图

（一）罐体结构组成

罐体结构如图 5 - 30 所示。

第一部分：高真空多层缠绕绝热夹层。

第二部分：罐体内容器。

第三部分：罐体外容器。

第四部分：管路系统。

（二）结构组成

结构组成如图 5 - 31 所示。

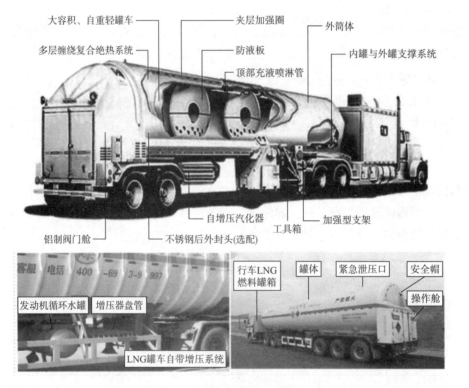

图 5 - 31　LNG 槽车结构图

（三）后操箱结构组成

后操箱结构组成如图 5 - 32 所示。

安全阀：安全阀是压力容器上不可缺少的主要安全附件之一。在设计中，考虑到介质温度极低，当安全阀被冻死、不能正常工作时，压力将连续升高，使爆破片起爆而排气泄压，爆破片起第二道保险作用。

图 5-32　LNG 槽车后操箱结构图

阻火器：设在管路排气口上的阻火器。易燃、易爆气体，很容易发生火灾，而它则可有效地阻止回火进入管道及罐内而引发更大的事故。

应急切断阀：主要防止在管道发生大量泄漏或停车场附近有火情发生时，紧急关闭液源及气源。

紧急按钮：主要是当罐车附近发生突发性事故时，可迅速关闭紧急切断阀，将罐车移至安全地点。

二、事故应急处置

（一）事故处置一般要求

（1）根据灾情决定出动力量和编程，接警后应迅速核对灾害类型、事故等级、危害程度等相关信息，根据预案初步形成应对方案。

（2）处置队伍应在事发地 300～500m 处集结，派出侦检人员到现场核对灾情信息（具体部位、灾情状态、涉及范围、可控程度），向相关部门预警通报灾情信息。

（3）封闭公路上下行线区域，以事故车为中心设置上下行线各 1000m 安全距离（山区弯路需加大直线安全距离）。

（4）上风方向设立指挥部，划定抢险区、工作区、安全区范围，控制抢险区、工作区火源。

（5）反复勘验、集体会商、综合研判，形成决策方案和行动方案。

（6）根据决策方案和行动方案检查落实防护、防冻、防静电等级和措施，防止烧伤、冻伤、窒息、中毒、燃烧、闪爆等意外事故，确保抢险成功率和人员安全。

（7）指定并授权攻坚组负责人随机指挥，严格遵守化学灾害事故的抢险救援规程处置作业。

（二）可能发生事故及处置对策

1. 罐车无泄漏、罐体无霜冻灾情

再次检查确认内外罐真空状态及管线是否完好，如完好，应重点进行排压、排氮操作（压力表指针≤1%）。由于事故后，LNG 分层会加速，应实时观察并不间断排压，减少罐内天然气分层、涡旋、沸腾压力，车体完好按转移危险源处置，条件不成熟按倒罐转输或

图5-33 事故示意图

放空排险处置。抢险处置期间要保证罐体不失真空，禁止向罐体、管线、安全阀部位射水（图5-33）。

2. 罐车无泄漏、罐体有霜冻灾情

罐体、阀门、法兰、管线无泄漏，罐体有霜冻，说明内罐出现渗漏，绝热层受到破坏，罐车已经失去真空。应实时加大气相紧急放空操作频次，减少罐内天然气分层、涡旋、沸腾压力，尽快做倒罐转输或转移危险源准备；如罐体外壳保险器已打开并明显出现蒸气云（真空夹套压力达到0.02~0.07MPa），说明内罐漏点逐步扩大，真空层遭到破坏，罐体底部液相泄漏介质随时间积累，外罐高强度钢强度逐渐下降，有可能出现罐体破裂灾情，前沿处置人员应做好紧急避险准备。

罐体结霜处置过程中不论出现任何状况，严禁向罐体结霜面打水。外壳保险器、管线、阀门如出现局部液化天然气泄漏，可在扩散气体云团下风向5~15m处部署水幕水枪、水力自摆炮稀释驱赶。严禁直流水直接冲击扩散云团（图5-34）。

图5-34 事故示意图

3. 罐车垂直倾翻未泄漏灾情

满液位罐车发生坠落、倾翻事故，如罐体长时间处于90°或倒180°状态，罐车安全附件失去作用，罐内液化天然气分层、涡旋、沸腾，罐内压力无法导出，受气温影响，罐体压力会急剧上升，如果压力超过储罐设计安全系数，外罐材质的承压能力会在介质的冷冻效应下减弱，严重者会造成罐体变形解体。需在专业技术人员的指导下进行排压处置，泄压消除储罐压力风险（内罐或外罐）。如出现槽罐垂直倾翻，可采取进料线反向管路排压，将罐体压力经进（出）料管路引流泄压或倒罐，作业前需提前部署好排流点两层以上水雾稀释保护圈，防止扩大危险源范围和回火引爆。

图5-35 LNG倒罐作业示意图

紧急情况下，可采取液相出口连接消防水带引至下风向就地直接排放，消除危险源。如以降低罐车压力为目的，应以罐车气相出口排放为主；如以加快排放速度为目的，应以罐车液相出口排放为主（图5-35）。

4. 罐车安全阀泄漏灾情

如罐车发生撞击、倾翻，罐体完好，仅出现安全阀泄漏，可复位安全阀消除泄漏；如安全阀出现液相冻结，可采取直流水融化解冻或木槌轻敲复位消除泄漏。处置作业时，应注意避开安全阀—爆破片双联保险装置，防止爆破片瞬间爆破泄压造成物体打击伤害（图5-36）。

(a)货车被撞行车LNG燃料罐安全阀泄漏　　　(b)LNG罐车侧翻操作箱管路泄漏

图5-36　罐车安全阀泄漏

5. 罐车管线阀门泄漏灾情

如罐车发生撞击、倾翻，罐体完好，出现管线阀门泄漏，应实时进行罐体排压操作，减少罐内天然气分层、涡旋、沸腾压力，及时采取木楔封堵、缠绕滴水封冻等方法临时堵漏，尽可能采取倒罐转输等进一步消除危险源措施。若无法实现倒罐转输或起吊作业，可采取在罐车气（液）相出口延长管路下风向就地直排或安全控烧的方法，消除危险源（图5-37）。

(a)侧翻罐体裂缝气液相泄漏　　　(b)放空管泄漏　　　(c)液相管紧急排放

图5-37　罐车管线阀门泄漏

6. 罐车泄漏灾情异常

如罐体压力表读数快速升高，说明罐体的内罐破损严重，内外罐之间的真空绝热层受到破坏，罐车内胆与外界直接发生了热交换，出现安全阀频繁开启状态，采取泄压处置法应慎重。若封堵措施无法实现，应进一步加大安全警戒区和火源控制区距离，提高防护等级，一线处置人员着防化服、防静电服，应使用本质安全型无线通信和防爆等级符合的摄

图 5 - 38　罐车泄漏

录像工具设备。在泄漏点下风向冷蒸气雾与爆炸性混合物区之间（泄漏云团下风向 10 ~ 20m 处）部署移动水炮、水幕发生器，扇形递进喷雾水稀释控制扩散范围，必要时采取紧急疏散措施扩大警戒范围（图 5 - 38）。

7. 罐车火灾处置

如 LNG 罐车已发生起火事故，应在上风向部署自摆式移动水炮冷却保护罐体，严防内外罐体超压破裂，引起贮罐解体发生物理爆炸。处置过程中，应严格遵守气体火灾扑救原则，关阀、封堵等切断气源措施未完全到位前，一般不宜直接扑灭燃烧火焰，可采取控制燃烧战术稳妥处置。处置后期应逐步降低冷却强度，保持罐内 LNG 持续蒸发，直至燃尽，防止回火闪爆。

LNG 罐车火灾处置重点是强制冷却、控制燃烧，防止罐体升温过快导致事故扩大。罐体破裂燃烧，以控制燃尽处置为妥；管线阀门泄漏火灾，着火部位火焰及辐射热如对其他关联管线、阀门没影响，可积极扑灭并采取堵漏措施，如已造成邻近管线、阀门钢材质强度下降，多处部位受损无法采取封堵措施，应以控制燃尽为佳（图 5 - 39）。

图 5 - 39　LNG 操作箱管线阀门泄漏起火

注意事项：

（1）一般后操作箱处的管线阀门是"熔断"设计，如受火焰烘烤，会在 70℃ 时熔断，因此，采取管线放空时应预先考虑。

（2）操作箱处的管线上的法兰垫片一般为尼龙垫片，应注意保护，防止熔毁失控。

第四节　附　　件

一、压力容器基础常识

压力容器是指内部或外部承受气体或液体压力，并对安全性有较高要求的密封容器。

压力容器主要为圆柱形，少数为球形或其他形状。圆柱形压力容器通常由筒体、封头、接管、法兰等零件和部件组成，压力容器工作压力越高，筒体的壁就越厚。

按压力等级分类：压力容器可分为内压容器与外压容器。

内压容器又可按设计压力（P）大小分为四个压力等级，具体划分如下：

低压（代号 L）容器 $0.1 \text{ MPa} \leqslant P < 1.6 \text{ MPa}$；

中压（代号 M）容器 $1.6 \text{ MPa} \leqslant P < 10.0 \text{ MPa}$；

高压（代号 H）容器 $10 \text{ MPa} \leqslant P < 100 \text{ MPa}$；

超高压（代号 U）容器 $P \geqslant 100 \text{MPa}$。

按安装方式分类：固定式压力容器、移动式压力容器。

移动式压力容器：使用时，不仅承受内压或外压载荷，搬运过程中还会受到由于内部介质晃动而引起的冲击力，以及运输过程中带来的外部撞击和振动载荷，因而在结构、使用、运输和安全方面均有其特殊的要求。

移动式压力容器包括：铁路罐车（介质为液化气体、低温液体）、罐式汽车［液化气体运输（半挂）车、低温液体运输（半挂）车、永久气体运输（半挂）车］和罐式集装箱（介质为液化气体、低温液体）等。

压力容器的危险程度：与介质危险性及其设计压力 P 和全容积 V 的乘积有关，PV 值愈大，则容器破裂时爆炸能量愈大，危害性也愈大，对容器的设计、制造、检验、使用、运输、管理的要求愈高。

按安全技术管理分类：《压力容器安全技术监察规程》采用既考虑容器压力与容积乘积大小，又考虑介质危险性以及容器在生产过程中的作用的综合分类方法，以有利于安全技术监督和管理。该方法将压力容器分为三类：

第三类压力容器：高压容器；中压储存容器（PV 乘积 $\geqslant 10\text{mPa} \cdot \text{m}^3$）；中压容器；中压反应容器（$PV$ 乘积 $\geqslant 0.5\text{mPa} \cdot \text{m}^3$）；低压容器（$PV$ 乘积 $\geqslant 0.2\text{mPa} \cdot \text{m}^3$）。

第二类压力容器：中压容器；低压容器；低压反应容器和低压储存容器；低压管壳式余热锅炉；低压搪玻璃压力容器。

第一类压力容器：除上述规定以外的低压容器为第一类压力容器。

国内压力容器分类方法综合考虑了设计压力、几何容积、材料强度、应用场合和介质危害程度等影响因素。因盛放的介质特性或容器功能不同，即根据潜在的危害性大小，低压容器可被划分为第一类或第二类甚至第三类压力容器。

二、撬车基础知识

图 5-40 为 LPG、LNG 罐车运输民用燃料液化石油气；图 5-41 为压缩天然气（CNG）运输车用燃料压缩天然气。

(a)液化石油气运输车（LPG）

(b)液化天然气运输车（LNG）

图5-40　LPG、LNG罐车运输民用燃料液化石油气

图5-41　压缩天然气（CNG）运输车用燃料压缩天然气

表5-1为LPG、LNG、CNG罐车不同。

表5-1　LPG、LNG、CNG罐车不同

类型	罐装介质	储罐设计压力/MPa	运行压力/MPa	储罐结构	操作箱位置
LPG罐车	液化石油气 （丙烷、丁烷混合烃类）	1.6~2.2 (1.6MPa中压，2.2MPa高压容器)	0.8	单层钢罐	罐体中部
LNG罐车	液化天燃气 （单质液化天燃气）	0.8MPa （低压容器）	0.3	双层真空罐	罐体后部
CNG罐车	压缩天燃气 （单质压缩天燃气）	20~27.5MPa （高压容器）	10~20	无缝钢管组	罐体后部

图5-42为LPG罐车阀门箱，LNG、CNG罐车操作舱。

阀门箱
(a)LPG罐车

操作舱
(b)LNG罐车

操作舱
(c)CNG罐车

图5-42　LPG、LNG、CNG罐车

第三篇

建筑类灭火救援作战指南

第六章　建筑灭火救援作战指南

第一节　高层建筑火灾扑救组织指挥要点

一、处置原则

（1）高层建筑火灾扑救应坚持"以固为主、固移结合"的战术原则，第一时间利用建筑消防设施，开展火情侦察、疏散救人、堵截控火、排烟散热等作战行动。

（2）火灾扑救中应始终贯彻"救人第一"的指导思想，遵循"起火层—起火层上一层—起火层上二层—顶层—起火层以上其他楼层—起火层下一层"的搜救顺序，全力搜救遇险人员。

（3）根据火势发展变化，及时采取"强攻近战、上下合击、内外结合、逐层消灭"的技战术措施，以班组为基本战斗单元，快速控制和消灭火灾。

（4）在灭火救援中，应坚持攻防并举、安全为先，科学合理设置阵地，严格安全防护措施，落实火场安全制度，及时组织力量轮换，提高作战行动效能。

二、接警调度

（1）高层建筑发生火灾，火警等级宜判定为三级，支队全勤指挥部和战勤保障力量遂行出动，并同步调集邻近微型消防站力量。火警等级提升在作战力量到场前由指挥中心决定，作战力量到场后由现场指挥员决定。

（2）高层建筑火灾扑救基本战斗编成宜为4辆水罐消防车、1辆举高消防车、1辆抢险救援消防车。判定为三级、四级、五级火警宜分别调派不少于2个、4个、8个基本战斗编成，并根据现场情况，及时调集高层供水消防车、压缩空气泡沫消防车、照明消防车、供气消防车、通信指挥车、消防无人机等车辆装备。

三、组织指挥

（1）辖区中队指挥员在出动途中，应及时向指挥中心、起火单位消防控制室和微型消防站了解、核实现场人员被困情况，查询建筑有关信息，预判灾情规模，进行初战力量部署，明确车辆停靠位置，提示行动注意事项。

（2）辖区中队及增援力量到场后，宜在着火建筑首层大厅、消防控制室、进攻起点层、建筑外部等部位、区域布设力量，明确专人负责，并迅速建立包括微型消防站、单位消防安全管理人在内的指挥作战体系。

（3）全勤指挥部到场后，应迅速接管指挥权，明确指挥位置，划分战斗区段，标绘现场作战力量部署图，实施统一指挥。在进攻起点层或首层大厅设置前沿指挥点，负责指挥协调各楼层内攻作战行动；在建筑外部设置总指挥部，负责指挥各前沿指挥点的作战行动、协调力量集结、火场供水、安全警戒、战勤保障和外攻作战行动。每个楼层、每个区段均应明确专人指挥，并提前确定紧急撤离信号和路线，备有紧急救助小组。

（4）根据现场情况，视情架设中继台、利用通信指挥车或消防电话等方式进行通信联络，确保通信畅通。

四、设施应用

（1）现场指挥员充分利用消防控制室进行火情侦察，通过"两屏、三器、两柜"，掌握火势发展变化和建筑消防设施动作情况，实施灾情研判和决策指挥，详见表 6 – 1。

表 6 – 1 "两屏、三器、两柜"应用

类 别	途 径	要 素
两屏	视频监控屏	1. 观察烟气流动，人员疏散情况； 2. 观察防火门启闭状态； 3. 观察喷淋系统动作情况
	图形显示屏（消防设施）	判断起火部位和火势蔓延趋势
三器	火灾报警控制器	1. 核实起火部位和火势蔓延情况； 2. 观察消防设施动作时间
	消防联动控制器	1. 观察消防设施动作状态； 2. 视情手动启动消防设施
	消防应急广播控制器	1. 观察应急广播动作情况； 2. 视情通过广播引导人员疏散
两柜	消防电源控制柜	1. 观察消防电源所处状态； 2. 视情手动切换备用电源
	消防水箱液位显示柜	1. 观察消防水箱液位； 2. 估算室内消火栓系统用水时间

（2）优先使用消防电梯，实施登高作业、救助人员和运送器材，明确专人进行管控，并采取防水导流措施，避免积水流入电梯井。如联动控制器处于手动状态，可通过控制开

关迫降并使用消防电梯。使用电梯时，严禁直达、穿越着火层，并应避免冲撞、倚靠电梯门，防止发生变形。

（3）优先启动楼梯间、前室等部位的机械加压送风防烟设施，保障疏散搜救、内攻灭火等作战行动。在确保排烟路径安全的前提下，利用机械排烟设施实施排烟、控烟时，可手动或远程打开排烟阀，启动排烟风机。严禁人员位于排烟路径的下风口处，防止烟热对流伤害。

（4）优先利用室内消火栓系统出水灭火，并根据给水形式、管网直径、消防泵流量等情况，合理确定出枪数量，保证射流持续有效。当室内消火栓系统与喷淋系统共用供水管路时，可根据现场情况，视情关闭局部楼层喷淋信号阀，保障灭火用水。

（5）通过水泵接合器加压供水时，应区分功能和供给范围，保证阀门处于开启状态，其中高区补水压力不应大于2.5MPa，低区补水压力不应大于1.6MPa。

五、疏散救人

（1）将人员信息核实贯穿于灭火救援全过程，充分利用消防应急广播系统、消防电梯、避难层、防烟楼梯间、封闭楼梯间、室外疏散楼梯、专用救援窗口、举高消防车等途径和手段，加强对起火层和充烟、隐蔽区域的人员疏散与搜救，做到全覆盖、无遗漏。

（2）视情分开设置人员疏散和内攻灭火路线，避免形成对冲。本着"能下尽下"的原则，一次性将被困人员疏散救助至安全区域；对一时无法转移至安全区域的人员，可以视情转移至上风窗口、平台或避难层后伺机救助。

（3）对已确认搜索完毕的房间和楼层，应在醒目位置进行统一标识，避免重复搜救。灭火后应组织人员对火场进行彻底清理，防止遗留盲点。

六、灭火攻防

（1）以着火楼层下两层作为进攻起点层，并在进攻起点层下一层设立力量集结点，做到人装同上、一次到位。预先选择与着火层结构布局相似的下部楼层，组织官兵进行熟悉，做好内攻灭火准备。

（2）依托防火、防烟分区设置水枪阵地，合理组织实施梯次进攻。进入室内灭火前，应对房门采取限位措施，保持低姿、缓慢开启、控制射流，防止突发险情伤害。同一层面选择2个楼梯同时进攻时，做到相向进攻、攻防同步、上下设防。

（3）查明建筑外墙结构及材料，判断火势有无向上蔓延的趋势。如攻防高度可控，可采取举高消防车射水、移动水炮等方法阻截火势；如超出车辆装备可控高度，可组织力量从上至下分层布控、阻断火势；如火势接近建筑顶部，可利用屋顶消火栓出水灭火。

（4）高层建筑火灾扑救中，一般不宜破拆外部玻璃幕墙进行排烟。如需破拆时，应根据现场火势、风力、风向等情况，合理选择破拆位置与时机，采取有效防控措施，防止烟火蔓延扩大。

七、车辆作业

（1）初战力量到场后，应合理选择车辆停靠位置，主战车辆应部署在灭火救援行动展开的主要方面，原则上靠水带敷设一侧停靠，并为后续力量和举高消防车预留通道、位置。全勤指挥部到场后，应根据交通道路状况和现场作业需求，明确人员、装备、车辆集结区，防止发生拥堵。消防车辆应与着火建筑保持一定安全距离。

（2）举高消防车停靠应考虑作业场地承重、架空管线等情况，使传感器处于自动报警状态。作战任务未明确时，严禁盲目展开，严禁在梯臂上附加敷设水带实施供水。

（3）举高消防车优先布置在有被困人员待救的作业面。实施外部进攻时，应从上风或侧上风方向靠近救援位置，工作斗不得正对封闭外窗，不得盲目向建筑内部射水。

八、高层供液

（1）室内消火栓系统无法使用时，应迅速建立移动供液线路，优先选用压缩空气泡沫等灭火剂，减少水渍损失。

（2）施救高度低于100m时，宜优先采取沿楼梯蜿蜒敷设水带，蜿蜒敷设水带长度＝垂直高度×2.2；超过100m时，宜优先采取沿楼梯缝隙垂直敷设水带，水带固结必须安全、可靠。

（3）建立移动供液线路受阻时，可充分利用举高消防车半固定管路实施供水、投送人员和装备，提高灭火救援行动效能。

（4）建立移动供液线路时，应在地面设置用于停水、泄压的分水器（宜为螺旋开关式三分水）。泄压时，首先开启地面分水器泄压，同时缓慢降低车泵出水压力，待垂直供水线路余水排尽后方可停泵。

九、安全警示

（1）内攻搜救、灭火必须以班组形式展开，严格个人安全防护措施，预先明确进攻路线和作业时间，可采取设置安全导向绳、救生照明线等方法，防止发生方向迷失。

（2）进入起火、充烟区域前，应有效依托防火分隔设施，采取必要的出水掩护措施，防止轰燃、回燃、热对流等伤害，并及时组织人员轮换休整，防止战斗减员。

（3）严禁人员位于车泵出水口、分水器接口、垂直敷设水带下方等部位，防止水带脱口、爆裂伤人。严禁在安全警戒区域内随意走动，防止玻璃雨等高空坠物伤人。

第二节　大跨度厂房（仓库）火灾扑救

一、火灾特点

（1）火灾荷载大，灭火和搜救困难。内部存放大量可燃物，起火后产生大量高温浓烟，燃烧持续时间长，扑救和救人难度大。

（2）平面缺乏有效分隔，火势蔓延迅速。建筑防火分区大，供氧条件充足，火势蔓延迅速，位于建筑纵深处的火点有时超出枪炮有效射程。

（3）建筑结构多样，易发生倒塌。钢混构件长时间受高温影响，导致混凝土爆裂、钢筋裸露，易导致建筑垮塌；钢构件在火焰和高温的作用下，承载能力快速下降，极易在短时间内变形，甚至垮塌。

二、灭火措施

（一）侦察要点

（1）着火建筑构造、耐火等级、内部布局和周边毗邻情况。

（2）查实被困人员的数量、位置及疏散路线。

（3）燃烧物种类和数量、烟火蔓延的范围以及燃烧持续时间。

（4）着火建筑周围道路通行情况，建筑内部可利用通道情况。

（5）固定消防设施运行情况。

（6）着火建筑周围可利用消防水源。

（7）灭火作战进攻的路线和水枪阵地选择。

（8）建筑承重构件是否完好（墙体开裂倾斜；柱、梁、楼板等承重构件受损变形；悬挂构件移位），有无爆炸、毒害、腐蚀、忌水等危险物品。

（二）战术措施

1. 消防设施的应用

（1）通过建筑内消防控制室，监控火势发展情况。

（2）开启消防泵、防排烟系统、喷淋系统（室内固定水炮），第一时间冷却降温，控制火势蔓延扩大。

（3）启动防火卷帘，阻止火势蔓延。

（4）使用室内消火栓快攻近战。

（5）通过报警系统确定起火大致位置。

（6）利用应急广播引导疏散和提示救援注意事项。

（7）通过消防车与水泵接合器连接，向室内消火栓或喷淋系统加压供水。

2. 人员疏散

（1）遵循"先近后远、先易后难、先集中后分散"原则，重点搜索建筑物内部的洗手间、房间、夹层等部位，分班组、分区域开展搜救工作。

（2）人员搜救应贯穿于灭火作战始终，通过询问知情人、仪器搜寻、喊话、敲击等方法迅速搜救被困人员，并做好相关登记工作。

（3）疏散救人主要途径有建筑外窗、疏散通道、楼梯、消防梯等，主要方法有引导疏散、装备救助、徒手搬运等。

（4）救人过程中要确保救援通道畅通，如遇火势威胁和通道堵塞时，应采取破拆、水枪掩护等措施打通救人通道。

（5）对已搜索区域应使用明显标识予以标示，避免重复搜寻，加快救援进度。

（6）深入内部疏散救人时，应当在确保无垮塌危险的前提下进行，并设置水枪掩护。

3. 排烟破拆

（1）破拆前视情组织相关区域人员撤离，采用大型机械设备破拆时，应避开建筑物的承重构件，防止造成建筑物倒塌。当机械设备作业臂受烟火威胁时，要进行喷水保护。

（2）破拆门窗构件时，应设置水枪掩护，发现门窗缝隙有烟气回流时，应先用水枪冷却降温，再进行破拆，破拆时人员要站在门窗侧面，防止发生轰燃伤人。

（3）大跨度厂房火灾可通过建筑物外围门窗、采光带、采光窗等途径实施自然排烟。

（4）人工排烟主要针对建筑密闭、自然排烟不畅等情况，利用拆房机、挖掘机、强臂破拆车等大型设备，对着火建筑的非承重墙、采光窗、屋顶等部位进行破拆排烟。

（5）破拆排烟方式应优先选择在起火部位上方进行竖向排烟。水平排烟时，要通过先开设排烟口、后开设送风口的方式进行。排烟口要设在下风部位的上方，送风口要设在上风部位的下方，便于现场高温烟气尽快散出。

（6）破拆排烟应以利于火场搜救被困人员和扑灭火势为前提，避免盲目破拆排烟，造成火势蔓延扩大和人员伤亡。

（7）水枪到位前，一般不能在上风方向或屋顶部位破拆开口，下风方向的开口也不能破拆过大，防止新鲜空气大量涌入助长火势；进风口的数量、面积要小于排烟口。

（三）消防处置措施

（1）合理运用"内攻近战、内外结合、攻防并举、堵截火势"的战术措施，准确把握灭火时机，有效控制和消灭火势。

（2）当火势处于初起阶段，此时为内攻灭火最有利时机，应迅速组织灭火攻坚组梯次掩护进行内攻，有效打击着火点，迅速控制和扑灭火势。

（3）当火势蔓延扩大、烟雾弥漫、无明显倒塌征兆时，经现场评估，具备内攻条件的，应组织精干力量实施内攻灭火，做好力量轮换及供水保障工作。

（4）当火势处于猛烈燃烧阶段时，应组织专家组现场评估，不具备内攻条件的，应采取外围灭火和冷却，开辟防火隔离带，堵截火势进一步蔓延扩大。

（5）水枪阵地应选择掩体设置，避开货架、堆垛、燃料、压力等储存设备，可视情寻找掩体设置，在转移阵地时宜沿承重墙组织实施。

（6）内攻灭火时，可适时破拆非承重墙开辟进攻通道。同时，外部设置的枪炮不得向排烟口内射水，避免影响内攻灭火。

（7）当现场水源充足时，应当第一时间使用车载炮、移动炮等压制、消灭火势；深入内部灭火，视情使用机器人等机动灭火装备。

（8）进入内攻前，必须首先对承重构件进行射水保护，确保建筑结构安全。

（四）火场供水

（1）坚持"班组分工负责、作战单位自成体系、指挥部宏观调整"原则，确保供水不间断，满足火场灭火需要。

（2）如着火建筑处于偏远或缺水地区，应第一时间调派远程供水车组到场，实施远距离供水保障。

（3）根据火场战斗段（片区），科学划分供水片区，明确供水负责人及任务分工，合理设置供水路线，保证现场供水效率。

（4）启动供水联动机制，通知自来水公司对市政供水管网加压，调集环卫洒水车等社会车辆协助运水供水。

（五）风险防控

1. 个人防护

个人防护装备佩戴齐全，佩戴空气呼吸器。

2. 注意事项

（1）大跨度厂房（仓库）火灾扑救重点是内攻灭火救人和建筑倒塌风险评估，应建立专家现场辅助决策制度，对着火建筑结构、耐火极限、倒塌风险等进行安全评估，为组织指挥和灭火行动提供技术支持。

（2）大跨度厂房（仓库）火灾参战力量多、灭火时间长，要建立健全社会联动保障机制，明确响应程序和任务分工，协同完成灭火剂、器材装备、燃料及饮食、医疗救护等保障任务。

（3）如遇棉花等制品厂房（仓库）火灾时，在灭火的同时还需做好火场排水，防止棉花及其制品大量吸水，造成建筑物坍塌。

（4）如遇危险化学品或遇湿易燃物品时，不能盲目出水灭火，应查明燃烧物的理化性质，选择正确的灭火药剂，在相关技术人员协助下开展灭火行动。

（5）当建筑单边超过一定长度并设置穿透建筑内部的消防车道时，要充分利用此通道作为分割战术的分界线。利用工程破拆车等破拆装备，打开建筑内部消防车道，在建筑内部消防车道上风方向一端设置涡喷消防车，通道上设置一定数量的水炮冷却防火卷帘，从而进行堵截分割。

第三节 大型商场火灾扑救

一、火灾特点

（1）外部展开受限。周边交通拥堵，消防通道被占用，玻璃幕墙易破碎，登高作业面受高空架物、临时停车等情况影响，妨碍外攻灭火和登高救人。

（2）极易形成立体燃烧。建筑体量大，可燃物多，火灾荷载大，对流条件好，火势易从中庭、竖向管井、伸缩缝等快速蔓延至上层，形成立体燃烧。

（3）搜救任务艰巨。可燃物种类繁多，人员密集，燃烧产生有毒烟气，造成大量人员踩踏、拥堵、中毒等现象。

（4）内部进攻难度大。内部分隔复杂，通道纵横交错，充烟后能见度低，内部货架、柜台等障碍多，人员进入内部行动困难且存在风险。

（5）自然排烟不畅。商场顶部缺少自然排烟开口，四周窗户多被广告牌、海报、横幅遮蔽，内部机械排烟设施超过280℃自动停止，大量高温浓烟难以排出，影响结构安全，不利于灭火救援全面、深入展开。

二、灭火措施

（一）侦察要点

（1）起火部位、火势燃烧蔓延、毗邻建筑情况。

（2）被困人员的数量、位置、呼救以及受烟火威胁的情况。

（3）疏散和进攻通道及地面受烟火影响情况。

（4）消防水源和建筑周边情况。

（5）举高车及排烟车作业面情况。

（6）现场存在的轰燃、倒塌、外部坠落物等危险。

（7）内部消防设施完好和已运作情况，特别是着火部位的防火分区卷帘和天井部位的卷帘。

（8）商场楼层功能及商品存放情况。

（二）战术措施

1. 消防设施的应用

（1）指挥员及战斗员在灭火救援行动中，应首先考虑使用建筑内固定消防设施。

①启动消防水泵，根据水泵流量，合理利用室内消火栓出水枪。

②分清水泵接合器分区、功能，做好给室内消火栓或喷淋系统加压供水准备。

③利用应急广播系统引导被困人员选择正确疏散路线，确保有序疏散。

④根据消防控制室反馈的火灾自动/手动报警系统信息判断火点部位。

⑤火灾初起阶段，保证着火层及着火层以上楼层的防火门和中央空调系统已关闭，启动正压送风系统或排烟系统。当温度达到280℃时，系统失效。

（2）根据不同现场情况，还可应用自动喷水灭火系统、消防电梯、疏散楼梯间、防火门、防火卷帘、挡烟垂壁等防火防烟分隔，紧急照明系统，应急发电机，出口指示牌。

2. 人员疏散

（1）应本着分层、分区有序疏散的原则，打开商场全部出入口疏散全部人员。

（2）启动应急广播系统，稳定被困人员情绪，指引人员疏散。

（3）救人小组可利用消防电梯或疏散楼梯疏散、搜救被困人员。

（4）外部利用举高消防车、消防梯等登高器材营救人员。营救时，对被救者要采取稳定情绪、提示出窗安全注意事项、利用绳索保护等措施。

（5）救人小组不少于2人，携带救生、破拆器材，重点搜寻货架下、橱（柜）内、卫生间、墙角、门后等部位。

（6）对失去行动能力的被困人员，采取背、抬、抱等方法进行救助，并做好安全防护。

（7）对已搜救房间或区域粘贴明显标识，防止重复搜救。

（8）消防人员与单位工作人员、公安协同配合，进行单位内部人员疏散和单位周边人员分流。

（9）对疏散和搜救出的人员要进行清点，逐一登记，并移交医护人员。

3. 排烟破拆

（1）应及时启动固定排烟设施，提高火场能见度。

（2）有外窗的，应打开着火层及其上层的外窗，进行自然排烟。烟火通过排烟口翻卷可能蔓延至上层区域时，要预设水枪切断烟火外部蔓延途径，但不可向排烟口内射水。

（3）应使用大型工程机械破拆外墙广告牌、玻璃幕墙实施排烟，破拆前要设定警戒区域，防止坠落物伤人。

（4）使用开花或喷雾射流等进行人工排烟，合理利用移动排烟设施进行排烟。特别要注意正压式排烟机在火场中实施防烟阻烟等战术应用，应在内攻（灭火和疏散）楼梯间或前室部位设置正压排烟机，其中着火层送风方向可向着火层内部正压送风，阻止烟气向楼梯间蔓延并掩护内攻阵地；着火层上层应在缓台处向下层楼梯间窗口正压送风，排出楼梯间内的浓烟。

4. 消防处置措施

（1）及时放下防火卷帘，以防火分区为单元进攻，在受火势威胁的防火卷帘一侧出水枪设防，减小火势蔓延风险。

（2）在着火层重点部署灭火力量，建立进攻阵地，强攻近战，将火势控制在一定范围。

（3）在着火层上层部署堵截力量，重点部署在向上翻卷火势的外墙窗口以及楼梯间、管道竖井等火势垂直蔓延的部位。

（4）在着火层下层及顶层设置水枪阵地，阻止烟气由管道井上升到顶层引起顶层商品燃烧和掉落燃烧物引起下层商品燃烧。

（5）合理利用举高车、车载炮、移动水炮射水，从外部打击火势，避免因外部射流改变建筑物火势、烟雾走向，威胁内攻人员安全。在可能因飞火和强辐射热引燃毗邻建筑的重点部位设防。

（6）大量商品着火，燃烧猛烈，要尽可能使用大口径水枪、移动水炮等压制或夹击火势；火灾处于下降阶段，要尽可能使用开花或喷雾射流，以减少水流对商品的浸渍，最大限度地降低火灾损失和危害。

（7）到场力量较多时，控制火势与疏散物资工作要同步开展。

（8）密闭空间内已形成高温，可能发生轰燃，进入前需通过孔洞进行充分降温。

（9）要高度注意天井部位的防火卷帘动作情况，利用顶层室内消火栓设置水枪阵地冷却卷帘并设防；派出人员侦察底层天井部位情况，利用底层室内消火栓设防，防止飞火引燃物品，造成火势蔓延。

5. 火场供水

（1）启动建筑物内消防水泵，向竖管供水，必要时使用消防车通过水泵接合器向竖管补水。

（2）优先选用大吨位消防车、大口径水带供水，采取双干线平直敷设，避免交叉，减少压力损失。

（3）要根据管网直径和形式估算消防车停靠消火栓数量，避免供水中断。优先使用邻近单位的消防水池取水口。

（4）对扑救时间长、用水量大的火场，要及时通知市政供水部门对管网加压，视情调集市政运水车、洒水车配合运水。

（5）供水干线水带要靠路边一侧敷设，避免穿越车底，横穿马路要利用水带护桥保护，保持道路通畅。应充分利用街路上方天桥或地下通道，减少路面横跨水带数量。

（6）成建制参战中队应自成供水体系，尽量占据本战斗段方向500m范围内的水源，优先使用流量较大的水源。支队增援的供水编队应占据500m以外的水源，视情况敷设供水干线，保障前方主要的作战阵地。

6. 风险防控

1）个人防护

个人防护装备佩戴齐全，佩戴空气呼吸器。

2）注意事项

（1）内攻前，安全员要逐一做好安全登记，仔细检查空气呼吸器、头灯、呼救器、安全绳等个人防护装备和电台等通信设备，并登记内攻人员进出时间等基本情况，保持与内攻人员的联系，提示进入时间或距离撤离的时间。

（2）进入浓烟区域时，内攻人员应沿救生照明线、绳索、水带或墙体等低姿行进，从同方向共同进出，防止迷失方向。进入内部前使用水枪上下扫射，防止坠落物伤人。通常情况下，内攻作战组在从楼梯间进入楼层时，应设置安全导向绳。

（3）人员进入内部前，应通知相关单位关闭电源、气源，进入化妆品、餐饮区实施灭火救援，要注意防止易燃、易爆物品突然爆炸造成伤害。

（4）搜救人员时，要加强对厕所、试衣间、电梯、门窗周边和通道等重点区域的搜索，防止遗漏人员。

（5）要加强火场排烟散热，防止高温造成建筑结构受损，在外部要多点设立观察哨，明确撤退信号和发布方式，尤其要加强对商场及附属建筑的非承重墙、女儿墙和悬挂构件的观察，防止倒塌、掉落伤人。

（6）收残阶段若使用大型机械设备，要防止撞击受损的承重柱、墙等。尽量减少内部收残人员数量，强化安全、纪律教育。

第四节　建筑倒塌事故处置程序

一、事故特点

（1）突发性强，人员逃生难。倒塌事故前兆不明显，允许人员逃生的时间短。

（2）设施损坏，易引发再次灾害。造成建筑内部燃气、供电设施毁坏，导致火灾的发生。

（3）人员伤亡重，社会影响大。

（4）救援难度大，作战时间长。一旦发生大型建筑倒塌事故或由于地震等自然因素引起高层倒塌，救援难度极大。由于被埋压待救的人员多，受装备限制，救援行动的有效性势必减弱，因此，灾后救助将是长时间的连续作战。

二、倒塌前兆

（1）拿着测温计不断、多处测量起火建筑的温度，分析建筑构件承载和可能倒塌的位置。

（2）看建筑结构缝隙。消防战士往着火建筑喷水后，因受热不均等原因会导致建筑构件爆裂，带来缝隙，消防员要现场查看建筑结构内外的缝隙情况，分析可能倒塌的位置并做好重点防控。

（3）听建筑的响声。如果建筑在火灾过程中有不断爆裂、吱吱混响等多种声音出现，从而及时判断有建筑倒塌出现。

（4）查建筑构件的耐火极限值。通过参考墙、梁、楼板等的理论耐火极限值，综合分析，确定现场灭火作战时间以及撤离时间。

三、处置程序与措施

1. 现场询情

详细了解倒塌建筑的高度、层数、面积、平面布局、使用性质；事故埋压人员的数量、大致位置等情况。

2. 侦察检测

利用生命探测器，立即搜寻遇险和被困人员；利用气体检测仪器检测事故现场可燃气体的浓度。

3. 设立警戒

封锁事故路段的交通，隔离围观群众，根据侦检情况设立警戒区。

4. 救生排险

（1）迅速组织人员清除障碍，开辟出一块空阔地带或进出通道，确保现场拥有一个急救平台和一条供救援车辆进出的通道。

（2）立即疏散可能倒塌的建筑内部的人员。

（3）协助供水、电、气部门切断倒塌建筑的水、电、气供应；使用开花或喷雾水枪扑灭事故次生火灾。

5. 现场急救

使用扩张、切割、起重等小型工具排除障碍，全力搜寻被埋人员，对抢救出的窒息、休克、出血的重危急伤员，应立即进行现场急救后，利用救护车或现场车辆迅速转送医院治疗。

四、行动要求

（1）应加强同公安、医疗救护、水、电、燃气、交通、民政等部门合作，共同实施救援行动。

（2）救援人员要注意行动安全，不应进入建筑结构明显松动的建筑内部；不得登上已受力不均的阳台、楼板、屋顶等部位；不准冒险钻入非稳固支撑的建筑废墟下面。

（3）加强倒塌现场的监护工作，防止倒塌再次发生。

（4）救援初期，不得直接使用大型铲车、推土机等施工机械车辆清除现场。

（5）作战时间较长，应组织参战人员轮换，并做好后勤保障工作。

第五节 附 件

一、建筑分类

（一）按建筑使用性质分类

可分为民用建筑、工业建筑及农业建筑。

1. 民用建筑

根据民用建筑高度和层数可分为单、多层民用建筑和高层民用建筑。高层民用建筑根据其建筑高度、使用功能和楼层的建筑面积可分为一类和二类。民用建筑的分类应符合表6-2的规定。

表6-2　民用建筑的分类

名称	高层民用建筑		单、多层民用建筑
	一类	二类	
住宅建筑	建筑高度大于54m的住宅建筑（包括设置商业服务网点的住宅建筑）	建筑高度大于27m，但不大于54m的住宅建筑（包括设置商业服务网点的住宅建筑）	建筑高度不大于27m的住宅建筑（包括设置商业服务网点的住宅建筑）
公共建筑	1. 建筑高度大于50m的公共建筑； 2. 任一楼层建筑面积大于1000㎡的商店、展览、电信、邮政、财贸金融建筑和其他多种功能组合的建筑； 3. 医疗建筑、重要公共建筑； 4. 省级及以上的广播电视和防灾指挥调度建筑、局级和省级电力调度建筑； 5. 藏书超过100万册的图书馆、书库	除一类高层公共建筑外的其他高层公共建筑	1. 建筑高度大于24m的单层公共建筑； 2. 建筑高度不大于24m的其他公共建筑

2. 工业建筑

工业建筑是指工业生产性建筑，如主要生产厂房、辅助生产厂房等。工业建筑按照使用性质的不同，分为加工、生产类厂房和仓储类库房两大类，厂房和仓库又按其生产或储存物质的性质进行分类。

3. 农业建筑

农业建筑是指农副产业生产建筑，主要包括暖棚、牧畜饲养场、蚕房、烤烟房、粮仓等。

（二）按建筑结构分类

按建筑结构形式和建造材料构成可分为木结构、砖木结构、砖与钢筋混凝土混合结构

（砖混结构）、钢结构混凝土结构、钢结构、钢与钢筋混凝土混合结构（钢混结构）等。

1. 木机构

主要承重构件是木材。

2. 砖木结构

主要承重构件用砖石和木材做成，如砖（石）砌墙体、木楼板、木屋盖的建筑。

3. 砖混结构

竖向承重构件采用砖墙或砖柱，水平承重构件采用钢筋混凝土楼板、屋面板。

4. 钢筋混凝土结构

钢筋混凝土作为柱、梁、楼板及屋顶等建筑的主要承重构件，砖或其他轻质材料作为墙体等围护构件。如装配式大板、大模板、滑模等工业化方法建造的建筑，钢筋混凝土的高层、大跨、大空间结构的建筑。

5. 钢结构

主要承重构件全部采用钢材，如全部用钢柱、钢屋架建造的厂房。

6. 钢混结构

屋顶采用钢结构，其他主要承重构件采用钢筋混凝土结构，如钢筋混凝土梁、柱、钢屋架组成的骨架结构厂房。

7. 其他结构

如生土建筑、充气塑料建筑等。

（三）按建筑高度分类

按建筑高度可分为单层、多层建筑和高层建筑两类。

1. 单层、多层建筑

建筑高度 27m 以下的住宅建筑、建筑高度不超过 24m（或已超过 24m，但为单层）的公共建筑和工业建筑。

2. 高层建筑

建筑高度大于 27m 的住宅建筑和其他建筑高度大于 24m 的非单层建筑。我国称建筑高度超过 100m 的高层建筑为超高层建筑。

二、消防车向水泵结合器供水编程

1. 目的

通过训练，使受训人员掌握消防车向水泵结合器供水的方法，提高战斗班的作战能力。

2. 场地器材

某高层建筑地面水泵接合器附近（图 6 - 1），停靠消防车一辆，配备有直径 65mm 水带等器材。

3. 操作程序

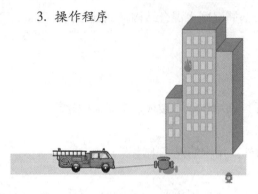

图 6-1　消防车向水泵结合器供水图

当听到"开始"口令后，班长组织全班消防员战斗展开；驾驶员将消防车停靠在消火栓处，连接室外消火栓；1号、2号消防员分别从消防车两边出水口各敷设两盘水带，连接好车泵出水口和对应区域的水泵结合器接口，驾驶员启动车泵准备供水；班长与其他消防员携带直径65mm水带、水枪，利用消防电梯迅速登高至着火层，连接室内消火栓出水口，开展近战灭火。

4. 操作要求

（1）在使用水泵接合器向室内管网供水时，一定要弄清该水泵接合器是自动喷淋灭火系统的，还是室内消火栓给水系统的；是高区的，还是低区的。防止误接，并且要求消防车水泵和固定消防泵出口压力应基本匹配。

（2）水带、水泵接合器连接迅速，相互配合默契，在短时间内实现车辆供水、出水。

三、沿楼层敷设水带供水编程

1. 目的

通过训练，使受训人员掌握沿楼层敷设水带的供水方法，提高战斗班的作战能力。

2. 场地器材

某高层建筑附近（图6-2），停靠消防车一辆，配备有直径65mm水带等器材。

3. 操作程序

当听到"开始"口令后，班长组织全班消防员战斗展开；驾驶员将消防车停靠在消火栓处，连接室外消火栓；1号消防员右手甩开第1盘水带，并放下水带的一端接口，握住另一端接口，左手携第2盘水带沿楼梯登高至第2层平台将第2盘水带甩开，连接水带两端接口，同时将另一端接口与水枪连接，沿楼梯登高至第3层窗口处后，成立射姿势，举右手示意并喊"好"。第2名受训人员将水带与分水器连接，听到第1名受训人员喊"好"后，开启分水器，负责供水。

4. 操作要求

（1）敷设水带时，水带不能扭圈，连接处不能脱口。

（2）楼梯转角处的水带要留有机动长度。

图 6-2　沿楼层敷设水带供水图

四、垂直敷设水带供水编程

1. 目的

通过训练，使受训人员掌握扑救高层建筑火灾的垂直敷设水带供水方法，提高战斗班的作战能力。

2. 场地器材

某高层建筑附近（图6－3），停靠消防车一辆，配备有直径65mm、80mm水带等器材。

3. 情况显示

在某高层建筑第9层、10层显示着火标志，室内消火栓灭火系统和利用水泵接合器向室内消防竖管供水，以及直接向消防竖管补水仍不能满足灭火需求。

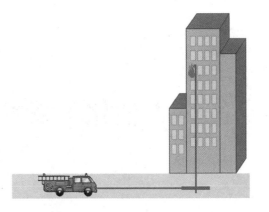

图6－3　垂直敷设水带供水图

4. 操作程序

听到"准备器材"口令后，1号车1号、2号消防员各携带一把水枪、两盘直径65mm水带，3号消防员携带一盘直径80mm水带、分水器；2号车、3号车的1号、2号消防员各携带一盘直径65mm水带、水带挂钩。

在听到"开始操作"口令后，1号车3号消防员由消防车敷设一盘直径80mm水带到楼前连接分水器，等待2号车1号、2号消防员敷设的水带口。

2号车1号、2号消防员到达5楼后甩开水带垂直敷设，利用双手交替将一盘直径65mm水带敷设到一楼，1号车3号消防将2号车1号、2号消防员垂直敷设下来的口连接分水器，示意喊"好"。

1号车及3号车1号、2号消防员到达9楼后，1号车1号、2号消防员各利用两盘水带连接将水带敷设至10楼设置水枪阵地，同时3号车1号、2号消防员利用垂直敷设水带铺至5楼并利用水带固定器将水带固定，连接1号车1号、2号消防员留下的水带口。2号车1号、2号消防员连接3号车1号、2号消防员敷设下来的水带口，并将水带固定在5楼窗口。2号车1号消防员利用手持电台与1号车3号消防员联络"可以供水"。

当听到"收操"口令后，按相反的顺序将器材收回到原地集合。

5. 操作要求

（1）垂直敷设水带时，必须采取双手交替方法向下敷设水带。

（2）高层供水垂直敷设水带时，宜每5层用安全绳或自制水带挂钩固定。

第四篇

石油化工装置灭火救援作战指南

第七章　石油化工装置灭火救援作战指南

第一节　概　　述

石油化工企业是以石油、天然气及其产品为原料，生产、储运各种石油化工产品的炼油厂、石油化工厂、合成化纤厂等联合组成的工厂。石油化工企业的主要类型有以下四种，具体为：

（1）炼化一体化：指千万吨炼油、百万吨乙烯联合加工生产企业。

（2）燃料型炼厂：生产工艺以汽油、煤油、柴油燃料油为主的企业。

（3）燃料－化工型炼厂：生产工艺以汽油、煤油、柴油燃料油及抽余油、轻烃、混合碳四等化工原料为主的企业。

（4）燃料－润滑油－化工型炼厂：生产工艺以汽油、煤油、柴油燃料油，润滑油及抽余油、轻烃、混合碳四等化工原料为主的企业。

每个石油化工企业因生产原料、加工深度、工艺流程不同，加工路线和装置类别也不同，厂区主要有生产装置区、储罐区、辅助设施等。

第二节　生产特点

随着石油化学工业的高速发展，石油化工生产装置朝着"大型、先进、集约、系列"的方向发展。

一、生产综合化，产品多样化

大型石油化工企业是集原料加工、中间体再处理、产品再加工为一体的综合性、连续生产的企业。石油化工企业生产石油燃料、乙烯、丙烯、苯、二甲苯、氢等多种石油化工原料，并加工成对苯二甲酸二甲酯、环氧乙烷、乙二醇、硝酸、环己烷、醇酮、乙二酸、己二胺、己二氰、尼龙等中间单体，中间单体又进一步加工出聚丙烯、聚乙烯、聚酯树脂、锦纶长丝、涤纶短纤维等化工产品。

二、装置规模大型化，设备布局密集化

石油化工生产装置大部分由塔、槽、釜、罐、泵、炉等设备构成，其投资额与容器设备的表面积成正比，其产量则与其容积成正比。产量大，投资少，促进了装置的大型化。生产装置均采用单元式联合布局，设备管道交错排列、纵横串通，塔、釜、泵、罐、槽设备集中，设备之间、单元之间空间距离小，布局高度密集。

三、工艺控制要求高，上下游关联紧密

现代石油化工生产中，为了提高装置产能和产品收率，许多工艺过程都采用了高温、高压、高真空、高空速、深冷等工艺技术和控制参数，使生产操作更为严格和困难。生产规模的大型化，使得生产装置各单元有机地联合起来，一套装置的产品就是另一套装置的原料，形成直线或环状连接，工艺复杂，装置间的相互作用增强，使各个装置的独立运转非常困难，整个生产系统也变得非常脆弱。

四、工艺管线多，阀门多

装置区内的各设备之间以及装置区之间的介质输送都是通过管道来完成的。大型石油化工企业的生产区内管线立体架设，纵横交错。石油化工生产设备之间介质流量的控制及管线之间介质流量的分配是通过阀门来调节的，因此各类阀门在管线上大量应用。

第三节　火灾特点

石油化工生产装置生产运行过程中，原料及产品大部分属易燃、易爆物质，生产装置规模大型化、设备和设施布局密集化、生产工艺复杂、过程连续性与连锁性强、工艺参数控制要求高、管线多阀门多，这些因素决定了石油化工生产装置发生的火灾具有如下特点。

一、燃烧速度快，火势发展猛烈

石油化工生产装置火灾，燃烧的物质多为油品类化学危险物品，其燃烧热值高、燃烧速度快。可燃物的热值越大、燃烧速度越快，单位时间内释放的热量越多，热辐射越强，温升也越快。因此，在火势发展过程中，邻近的未燃部分达到引燃的时间短，火焰瞬间扩展的速度快和范围大；此外，石油化工装置多采用露天、半露天形式，在火灾情况下的空气流通良好，也促使火势发展猛烈。

二、爆炸的因素多、危险性大

石油化工生产装置火灾的发展蔓延过程中，装置区域内着火及其邻近的设备、容器及管道因受到强烈火势的作用，发生物理性爆炸或化学性爆炸，以及泄漏的可燃气、可燃蒸气、粉尘遇火源，或负压设备损坏或密封不严吸入空气，或灭火方法不当，如在没有切断气源的情况下盲目灭火后，出现大量泄漏等导致化学性爆炸。

火场上，装有物料的压力设备、容器及管道受火焰直接烘烤和强辐射热作用下，因其内部物料的状态发生变化或温度、压力突升超出载体承压能力而发生爆破。某些气相空间较大的可燃物料设备容器内部，遇火源或受热会发生燃烧或其他剧烈的化学反应，产生高温高压而导致化学性爆炸。由于装置的生产设备布置紧凑，相互贯通，发生火灾或爆炸后极易引起连续性爆炸。有时是先发生物理性爆炸，容器内可燃气体、可燃蒸气冲出后遇火源引起化学性爆炸；有时是先发生化学性爆炸，然后在冲击波或高温高压作用下发生设备容器的物理性爆炸；有时是物理性与化学性爆炸交替进行。

三、燃烧面积大，易形成立体火灾

石油化工生产装置的产能规模大，装置区内的塔、釜、泵、罐、管廊等设备总数多，加工生产的物料总量大；物料多为液体和气体，都具有良好的流动性和扩散性；生产设备高大密集呈立体布置，框架结构孔洞较多；一旦发生着火爆炸事故，设备遭受严重破坏，若初期火灾控制不利，着火物料就会四处流淌扩散，火势上下左右迅速扩展，引发着火和邻近的设备、容器及管道的二次爆炸，造成大面积燃烧和形成立体火灾。

四、扑救难度大，参战力量多

石油化工生产装置火灾扑救的难度主要体现在：

（1）着火爆炸后泄漏的物料及燃烧产物多为易燃、易爆和有毒物质，灭火过程中灭火人员必须加强全方位的安全防护。

（2）是生产工艺过程复杂，一旦发生火灾，采取工艺控制的灭火方法往往较为有效，但工艺控制技术水平要求高，非一般业务能力所及。另外，工艺处置并非都是"一关就灵"，若系统处于满负荷，则工艺处置往往需要一定的时间。

（3）装置区域内换热器、冷凝器、空冷器、蒸馏塔、反应釜以及各种管架和操作平台等成组立体布局，造成灭火射流角度受限制，加上地面有流淌火影响，阵地选择困难，区域中间部位着火设备及其邻近设备的一般灭火与冷却射流的作用有限。

（4）灭火保障要求高。装置起火爆炸后，固定消防设施受损无法发挥作用，需调用移动装备实施长时间冷却，供水需求量大。装置内物料成分复杂，状态多样，必须合理选择水、干粉、泡沫等灭火剂。

（5）组织协调难度大。处置现场噪声大，参战力量多，涉及单位、部门多，通信联络困难，协同行动要求高。

第四节　应急处置程序及基本控制措施

处置石油化工生产装置事故时，工艺处置往往能快速、有效地控制灾情，达到"治本"的目的，所以掌握基本工艺处置方法、基本工艺原理、基本控制措施至关重要。处置时，要牢牢贯彻"工艺处置为主、消防处置为辅"的战术理念，与企业厂方及相关工艺技术人员密切配合，综合研判，灵活运用各种灭火战术，做好个人安全防护，科学、高效地对事故进行处置。

一、石油化工火灾爆炸应急处置程序

灾情发生→事故报警→预案启动与响应（岗位/车间/分厂/企业四级）→工艺处置［关阀断料、排空泄压、控制火源、紧急停工、上下游联动、物料转输、系统充氮（蒸汽）］→环保三级防控→员工初期处置→专业处置（警戒、疏散、侦检、破拆、稀释、分隔、搜救、救护、冷却、堵漏、验证、会商、研判、地企联动、增援、控制、紧急避险、战术调整、灭火、洗消、消防监护、工程抢险、封闭现场）→环境监测→风险评估→安全退守→新闻发布→舆论导向→善后工作→处置终止。

二、工艺处置措施

工艺处置措施往往是切断物料来源，停止反应进行、惰化保护等降低或停止灾情的根本手段和方法。企业应急处置一般采用单体设备紧急停车，事故单元紧急停车，事故装备紧急停车，全厂系统性紧急停车，火炬放空，平衡物料等综合性工艺调整措施。

（一）关阀断料

关阀断料是扑救装置火灾，控制火势发展的最基本措施。关闭着火部位与其关联的塔、釜、罐、泵、管线互通阀门，切断易燃、易爆物料的来源。在实施关阀断料时，应"由近及远，多点关闭"，即由距火点最近阀门向源头方向多关几道阀门，以防阀门被烧损。要选择离燃烧点最近的阀门予以关闭，并估算出关阀处到起火点间所存物料的量，必要时辅以导流措施。

（二）排空泄压

装置发生着火爆炸事故后，工艺人员对发生事故的单体设备、邻近关联工艺系统、上下游关联设备、生产装置系统采取远程或现场手动打开紧急放空阀，将可燃气体排入火炬管线或现场直排泄压的防爆措施，以避免设备或系统憋压发生物理或化学爆炸。

（三）紧急停车（停工）

生产工艺人员根据灾害类别、灾害程度、波及范围及时作出工艺处置紧急措施。可分为事故部位或单元紧急停车初期处置；事故生产装置紧急停车处置；邻近生产装置、全厂性生产系统紧急停车处置，以防止连锁反应、事故扩大和次生事故发生。

（四）上下游联动

生产装置之间联动/厂内物料平衡联动/企业内外部关联单位联动，上下游互供物料、公用工程水电气、通信等保障。

（五）物料循环

部位循环/单元循环/装置循环/侧线循环，保持工艺参数控制，防止过压、过温、副反应、逆反应；防止负压工艺条件变为正压或回火爆炸。

（六）物料转输

对发生事故或受威胁的单体设备、生产单元内容危险物料，通过装置的工艺管线和泵，将其抽排至安全的设备、设施中，减少事故区域危险源。

（七）惰性气体保护

单元或系统充入氮气或蒸汽，保持设备正压；抑制系统反应；系统安全退守。

（八）现场员工处置

开启固定蒸汽幕/水幕；利用手提式灭火器/消防水枪/固定消防水炮/泡沫管枪等现场器材进行初期灾情控制。

（九）环保三级防控

（1）废消防水：关闭事故装置雨排/废消水导入厂内化污管道/废消水导入企业应急事故池。

（2）有害气体：设置水幕水枪或喷雾水流稀释有毒有害气体，处置前期防止事故扩大，处置后期控制环保。

（十）切断外排

装置火灾爆炸一时难以控制时，应首先考虑对装置区的雨排系统、化污系统、电缆地沟、物料管沟的封堵，防止回火爆炸波及邻近装置或罐区。切断灭火废水的外排，达到安全环保处置要求。

（十一）填充物料

填充物料是指通过提升或降低设备容器液面，减缓、控制、消除险情的控制措施，具体措施如下：

（1）精馏塔、稳定塔、初分馏塔、常压塔、减压塔，反应釜、重沸器、空冷器，计量罐、回流罐等设备容器，有时因灭火需要达到控制燃烧安全目的，采取提升或降低设备容器液面的工艺措施。

（2）容器气相成分多，饱和蒸气压大，系统超压有可能发生爆炸，可采取提升设备容器液面，减少气相比例，同时加大设备容器外部消防水冷却，达到避免爆炸的目的。

（3）正压操作系统为防止燃烧后期发生回火爆炸，往往采取提升液面，减少设备容器内部空间的防回火措施。

（4）有时为保护着火设备，同时采取物料循环、提升液面配合措施，达到外部强制消防水和内部液体物料循环的双重冷却目的。

（十二）工艺参数调整

发生事故时，生产装置工艺流程和工艺参数等控制系统处于非正常状态，需对装置的流量、温度、压力等参数进行调整。控制系统一旦遭到破坏，DCS 系统远程遥控在线气动调节阀失效，调节阀或紧急切断阀无法动作，则需要人工现场调节阀门，达到工艺调整的目的。具体方法如下：

（1）控制流量：远程或现场手动对单元系统上游阀、下游阀、侧线阀切断，或调节容器设备达到所需的液面或流速。

（2）控制温度：远程或现场手动对重沸器、换热器、冷凝器调节提温或降温，保持塔釜系统达到所需的控制温度。

（3）控制压力：远程或现场手动调节控制温度和流量，达到系统所需的控制压力。

（十三）系统置换

灭火过程中或火灾后期处理，为保障装置系统安全，往往采取系统置换措施，达到控制或消除危险源的目的。

系统置换在灭火处置过程中，主要针对相邻单元进行，切断转输完成后，系统加注保护氮气或蒸汽避免灾情扩大；扑救后期，一般在采取侧线引导、盲板切断措施后，对着火单元或设备进行氮气或蒸汽填充，逐步缩小危险区域；火灾彻底扑灭后，防止个别部位残留物料复燃发生次生事故，需对塔釜、容器进行吹扫蒸煮，达到动火分析指标后开展抢修作业。

三、消防处置措施

发生事故时，灭火救援力量要第一时间将灾情控制在发生事故的部位，避免引发大面积的连锁反应，超越设计安全底线，为后续处置带来困难。

泵、容器、换热器、空冷器等单体设备发生初期火灾事故，在采取关阀断料的基础上，力争快速灭火；1 个生产单元或 2 个以上生产单元及整套装置发生事故，一般形成立体火灾，过火范围大、控制系统受损，属于难于控制灾情，需要企业采取相应的工艺控制措施，灭火救援力量重点进行稀释分隔和强制冷却保护控制灾情发展；生产装置区及中间罐区发生大范围火灾并威胁邻近装置，属于失控灾情。这类灾情难于控制，研判决策需慎重，强攻、保护需根据灾情有所取舍。消防措施主要有以下几点。

（一）警戒疏散

（1）划定警戒范围：处置区 100～500m；工作区 500～1000m；外围区 1000～3000m 安全区。

（2）安全疏散：根据警戒范围和灾情发展态势进行现场人员和危险物疏散，以及周边相关企业及居民疏散。

（二）侦察研判

石油化工装置火灾现场，因生产装置工况、物料性质、工艺流程、灾害类别、灾害程度、地理环境等复杂因素影响，火灾蔓延速度快，火场瞬息万变，险情时有突发，后果难以预测，灭火救援力量到场后，迅速地了解和全面地掌握现场情况，才能为控制初期发展的火灾制定科学的决策。

1. 火情侦察的方法

（1）听。生产工艺人员介绍、观察设备压力异常变化声响、观察哨异常信息反馈、现场专家建议和判断。

（2）看。监控 DCS 系统参数、设多点观察哨、着火部位及邻近设备异常变化、系统压力温度、流量变化，现场主导风向，着火介质变化，着火设备火焰、烟雾变化，火炬火焰、烟雾变化、火势蔓延方向。

（3）查。检测仪器验证，目视化灾情验证、范围等级验证。

（4）闻。现场异常气味。

（5）触。验证塔、釜、泵、罐、容器、管线温度状况。

2. 侦察内容

事故装置生产类别、主要原料及产品性质，装置工艺流程及工艺控制参数，着火设备所处部位及工艺关联的流程、管线走向，邻近设备、容器、储罐、管架等受火作用的程度，事故装置所处控制状态，已采取的工艺和消防控制措施，消防水源等公用工程保障能力等。

调取事故装置平面图、工艺流程图、生产单元设备布局立体图、事故部位及关键设备结构图、公用工程管网图等基础资料，与生产工艺人员一道核对事故部位、关键设备及控制点现场信息，从事故发生部位入手，分析判断灾情发展趋势。以事故部位工艺管线为起点，延伸核对塔器设备、机泵容器等关联紧密的工艺流程，查看并确认事故部位辐射热对邻近设备及工艺系统温度、压力等关键参数的影响，并通过中央控制室 DCS（绿黄红）系统验证装置系统是否处于受控状态，为准确把握火场主要方面和主攻方向，迅速形成处置方案和部署力量奠定基础。

根据燃烧介质的特性，结合事故装置的生产特点，遵循灭火战术原则和作战程序，科学地预测分析、研判火情，作出正确的战斗决策，实施科学指挥和行动。

（三）驱散稀释

对装置火灾中已泄漏扩散出来的可燃或有毒的气体和可燃蒸气，利用水幕水枪、喷雾水枪、自摆式移动水炮等喷射水雾、形成水幕实施驱散、稀释或阻隔，抑制其可能遇火种发生闪爆的危险，降低有毒气体的毒害作用，防止危险源向邻近装置和周边社区扩散。具体方法有以下几种：

（1）在事故部位、单元之间设置水幕隔离带。

（2）在泄漏的塔釜、机泵、反应器、容器或储罐四周布置喷雾水枪。

（3）对于聚集于控制室、物料管槽、电缆地沟内的可燃气体，应打开室内、管槽的通风口或地沟的盖板，通过自然通风吹散或采用机械送风、氮气吹扫进行驱散。

（四）分隔

屏障水枪、移动水炮喷雾射流将着火区域或被保护单元分隔。

（五）冷却控制

在扑救石油化工装置火灾过程中，开启固定水喷淋和部署移动水枪水炮，向着火的设备及受火势威胁的邻近设备喷射水流，实施及时的冷却控制是消除或减弱其发生爆炸、倒塌撕裂等危险的最有效措施。火场上可能有许多设备受到火势的威胁，指挥员应分清轻重缓急，正确确定火场的主要方面和主攻方向，对受火势威胁最严重的设备应采取重点突破，消除影响火场全局的主要威胁。

1. 冷却重点

（1）一般来说，燃烧区内的压力设备受火焰的直接作用，其发生爆炸的危险性最大，应组织有力的力量对其实施不间断地冷却。同时，还要部署力量消灭有爆炸危险设备周围的火势，减弱火焰对设备的威胁，为冷却防爆创造有利条件。

（2）着火设备邻近的容器、管道、塔釜等虽没有受到火焰的直接作用，但受到火势强烈的热辐射和热对流的作用，其发生爆炸的危险性很大，应在部署力量控制火势蔓延的同时，根据距着火设备的远近及危险程度，分别布置水枪水炮实施对受热面的充分冷却。

指挥员应根据着火设备爆炸的可能性大小，部署主要力量冷却抑爆，或安排少量力量冷却防止着火设备器壁变形撕裂。

2. 冷却方法

根据不同的对象及所处状态采取不同的方法。

（1）对受火势威胁的高大的塔、釜、反应器应分层次布置水枪（炮）阵地，从上往下均匀冷却，防止上部或中部出现冷却断层。

（2）对着火的高压设备，要在冷却的同时采取工艺措施，降低内部压力，但要保持一定的正压。

（3）对着火的负压设备，在积极冷却的同时，应关闭进、出料阀，防止回火爆炸；在必要或可能的情况下，可向负压设备注入氮气、过热水蒸气等惰性气体，调整设备系统内压力。此外，在冷却设备与容器的同时，还应注意对受火势威胁的框架结构、设备装置承重构件的冷却保护。

（4）对集束管廊冷却保护，防止管廊坍塌致使灾害扩大。

（六）堵截蔓延

由于设备爆炸、变形、开裂等原因，可能使大量的易燃、可燃物料外泄，使火势迅速蔓延扩大。必须及时实施有效的堵截。

（1）对外泄可燃气体的高压反应釜、合成塔、反应器等设备火灾，应在关闭进料控制阀，切断气体来源的同时，迅速用喷雾水（或蒸汽）在下风方向稀释外泄气体，防止与空气混合，形成爆炸性混合物。

（2）地面液体流淌火，应根据流散液体的量、面积、方向、地势、风向等因素，筑堤围堵，把燃烧液体控制在一定范围内，或定向导流，防止燃烧液体向高温、高压装置区等危险部位蔓延。在围堵防流的同时，根据液体的燃烧面积，部署必要数量的泡沫枪，消灭地面流淌火。

（3）塔釜、高位罐、管线等的液体流淌火，首先应关阀断料、对空间燃烧液体流经部位予以充分冷却，然后采取上下立体夹击的方法消灭流淌火；对流到地面的燃烧液体，按地面流淌火处理。

（4）对明沟内流淌火，可用泥土筑堤等方法，把火势控制在一定区域内，或分段堵截；对暗沟流淌火，可采取堵截在一定区域内，然后向暗沟内喷射高倍泡沫，或采取封闭窒息等方法灭火。

（5）向事故池排放可燃物料时，必须先做泡沫覆盖和降温处理。

（6）如火场面积大，短时间内难以消灭火灾，应考虑在下风向保留可控的火点，防止再次泄漏引发轰然或闪爆。

（七）紧急避险

DCS系统显示系统或事故部位设备超设计值压力、温度；外观察哨发现设备抖动、现场出现异常声响。

（八）洗消监护

在装置火灾熄灭后，外泄介质及灭火废水得到控制的条件下，对事故现场进行洗消作业，并安排必要的力量实施现场监护，直至现场各种隐患的消除达到安全要求。

第五节　风险防控

一、做好个人安全防护工作

参战人员必须按照规定穿戴防护服，正确佩戴个人防护装备；在实施灭火救援行动时，应设立消防观察哨，实时监控现场变化，注意根据装置系统工况，着火设备的火焰颜色、状态、压力声响的变化，容器、管线、管廊框架的异常抖动移位，火势发展蔓延方向等情况，综合分析判断险情发生的可能性，提醒和指导灭火的安全防护工作。

二、强化对装置系统内参数变化的监控

在扑救装置火灾中，应密切关注装置系统内温度和压力的变化，防止其快速升高导致失控而发生爆炸。必要时，应及时通知生产人员安排专人打开火炬放空线，使装置系统或单元放空泄压。若装置系统的压力、温度仍然持续快速升高，应及时采取规避风险的扩大措施，如事故装置紧急停车、邻近装置紧急停车、全厂性装置紧急停车，封堵雨排系统、倒料降低塔釜容器液面、切断互通管线、加堵盲板等措施，避免灾难性连锁反应。

中央控制室及现场要设置内外安全员，明确现场统一紧急撤离信号，内安全员实施观测 DCS 系统温度、压力、液位、流量等参数变化，接近设计红线值，应及时通知现场指挥员；外安全员实施观测燃烧设备、燃烧区设备框架烟气、火焰、设备形状、颜色、声响变化等情况，出现异常各阵地指挥员应果断采取紧急避险措施。现场总指挥视灾情发展程度和危害后果，及时作出紧急避险、紧急撤离、暂缓救援等决定。

三、准确辨识主要危险源

（1）在容易结焦、生成固体的反应器、塔等设备内往往用放射源作为液位计，如延迟焦化、聚丙烯、聚乙烯装置，要先寻找同位素放射源再进行处置。

（2）氢气的爆炸极限较宽，且燃烧时不易察觉，而装置往往多与氢气反应打开分子链，在处置过程中要特别注意侦检氢气的工作。

（3）在装置反应过程中，催化剂、引发剂多为化学性质较为活泼的强氧化剂物质，如三乙基铝、二乙基铝、倍半烷基铝等遇水爆炸、遇空气自燃，在处置过程中要查找催化剂、引发剂容器的位置，确认阀门关闭情况再进行冷却。

（4）在石油化工生产装置灭火救援应急处置中，注意避免和控制气态、液态毒性物质的泄漏危害。如碳四装置萃取法抽提丁二烯使用乙腈为萃取液，乙腈常态时有恶臭，燃烧后分解的氰根属于神经毒物质；丙烯氧化法生产丙烯腈，副产物固体物氰化钠，焚烧产生氰化氢气体属剧毒物质。危险化学品仓库火灾，如仓库储存氰化钠，灭火过程中应注意控制用水量，一是防止氰化氢气体中毒，二是防止氢氰酸中毒。

特别注意：

（1）要特别注意硫化氢、液化烃液体，做好个人安全防护，采取措施防止爆炸。

（2）避免灭火废水直接排入河流。

（3）如危险源没消除，采取的堵漏、倒罐、转输等措施没到位，应采用控制燃烧战术，严禁直接灭火。

（4）保护有害气体焚烧炉处于明火状态。

（5）根据泄漏的控制程度，必要时扩大周边疏散和交通管制范围。

第八章 石油石化装置灭火救援作战指南

按照《石油化工企业设计防火规范》GB 50160—2015，石油化工装置的火灾危险性分为甲、乙、丙、丁、戊五类。本指南中的 14 套石油石化装置均为甲类，属于易燃、易爆生产装置，应特别予以关注。

第一节 常减压装置

常减压是原油加工的第一道工序，是根据原油中各组分的沸点（挥发度）不同，用加热的方法从原油中分离出各种石油馏分。

一、常减压装置主要生产装置

主要由电脱盐单元、常压蒸馏单元、减压蒸馏单元、换热单元、加热炉单元组成，装置生产附属区包括现场机柜室、变配电室设施（图 8-1）。

图 8-1 常减压装置全景

二、原油常减压蒸馏原理流程图

原油常减压蒸馏原理流程图如图 8 - 2 和图 8 - 3 所示。

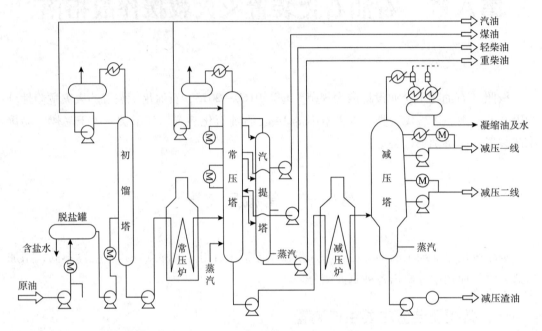

图 8 - 2　原油常减压蒸馏原理流程图

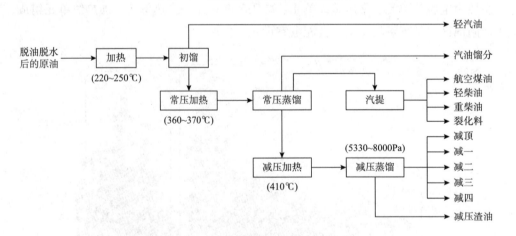

图 8 - 3　常减压蒸馏工艺流程示意图

三、典型物料

常减压装置区是原油加工的第一道工序。主要产品为石脑油、溶剂油、柴油、汽油、常压渣油、蜡油、减压渣油。

副产品为硫化氢和氨气。

四、要害部位

（1）换热器组因常年高温可能发生法兰垫片老化破损，造成泄漏，物料接触氧气或滴落到高温设备，立即燃烧并沿平台蔓延，易导致立体火灾和大面积流淌火。

（2）装置中瓦斯分液罐、汽油罐等密闭设备在流淌火高温烘烤或辐射热的作用下，存在爆炸的危险。

图8-4 减压塔

（3）生产装置发生火灾时，工艺进行紧急停车，减压塔要由负压恢复为常压，在此过程中可能由于抽真空的压力波动，吸入空气而在塔内燃烧形成明火，造成减压塔法兰密封垫失效，使得二层抽出阀产生泄漏。减压塔中存有大约150t的物料，390℃的减底渣油在自重的作用下向下流淌，遇空气中的氧气即形成流淌火。常压炉和强化换热系统中的初底减渣换热器为最容易发生火灾部位（设备），减压塔为发生火灾后最危险的部位（设备）（图8-4）。

五、典型火灾事故处置措施

（一）减压塔发生火灾

1. 工艺措施

（1）减压塔停抽真空系统，通入蒸汽恢复到常压，恢复常压时放空阀要关闭。严防空气倒入减压塔。

（2）发生着火时，要查明着火部位，关闭与着火有关的管线、设备所连接的所有阀门，切断火源。

（3）停渣油泵，关闭DCS（集散控制系统）画面，减压塔底抽出快切阀，关闭换热系统入口阀，对着火点进行切除。

（4）减压炉熄火，关闭减压炉出口阀门，使减压塔恢复正压，防止爆炸。

2. 消防处置措施

（1）利用移动装备和现场固定消防水炮冷却减压塔及毗邻的汽提塔。

（2）内部观察人员通过DCS（集散控制系统）系统密切关注液面、温度、压力、流量变化。

（3）外部观察人员对减压塔水泥支撑构件、减压汽提塔表面的温度进行监测，根据监测情况，调整冷却力量，保证冷却强度，防止发生坍塌和爆炸事故。

（4）外部观察人员观察减压塔、汽提塔是否存在塔体剧烈抖动、发出啸音、火焰颜色发生变化等情况，如出现以上爆炸征兆，应立即报告指挥员，实施紧急避险。

（5）依托常压泵房和加热炉为掩体设置水枪阵地，控制地面流淌火蔓延。防止地面油火流淌至减压泵房、抽真空泵房、加热炉形成新的火点。

（6）扑灭地面流淌火后，集中力量对减压塔进行冷却。将消防水带接在消防竖管上，利用竖管对塔体进行均匀地冷却降温，消除冷却死角。

（7）在工艺条件具备且灭火剂充足的条件下，方可实施总攻灭火。灭火时，由于环境所限，应设置高喷消防车，配合消防竖管灭火。

（8）因塔高已超过水枪的射程，所以需调集举高喷射消防车布置在减压塔附近，用其冷却塔体或消灭塔顶火灾。

3. 注意事项

（1）对减压塔的水泥支撑构件进行冷却，防止设备倒塌，造成人员伤亡及火势进一步扩大。

（2）控制地面流淌火，防止蔓延到减压泵房、抽真空泵房、加热炉处，形成新的火点。

（3）对减压塔及减压汽提塔塔体进行冷却。

（4）车辆占位及阵地设置应远离减压塔。

（5）敷设水带要清晰，靠火点一侧敷设，以便于调整力量和更换破损水带，防止车轮跨压水带。

（二）常压塔发生火灾

图8-5为常压塔图。

1. 工艺措施

岗位操作人员关闭常压塔上下游阀门，停泵关闭常压塔物料来源，实施装置紧急停车。

2. 消防处置措施

（1）利用自摆炮、遥控消防水炮等移动装备对高压、低压瓦斯分液罐进行冷却。人员设置好移动炮后，立即远离火点。严禁灭火人员近距离冷却和扑灭地面流淌火。

（2）内部观察人员通过DCS（集散控制系统）密切关注液面、温度、压力、流量变化。

（3）设置外部观察人员对常压塔水泥支撑构件、汽油罐和高压、低压瓦斯分液罐表面温度进行监测，根据监测温度变化情况，调整冷却力量，保证冷却强度，防止发生坍塌和爆炸事故。

（4）外部观察人员观察常压塔、汽油罐和高

图8-5　常压塔

压、低压瓦斯分液罐是否存在塔体（罐体）剧烈抖动、发出啸音、火焰颜色发生变化等情

况，如出现以上爆炸征兆，应立即报告指挥员，实施紧急避险，并立即清点人员。紧急避险后，侦检人员须着防火隔热服，佩戴空气呼吸器，持检测仪器进入现场进行检测，确认安全后，抢险人员方可进入现场实施灭火。

3. 注意事项

（1）对常压塔的水泥支撑构件进行冷却，防止设备倒塌，造成人员伤亡及火势进一步扩大。

（2）对毗邻的汽油储罐、高压瓦斯分液罐进行冷却，防止爆炸。

（3）控制地面流淌火，防止蔓延到常压泵房和汽油泵房，形成新的火点。

（4）冷却常压塔及汽提塔塔体，防止火点上部管线、阀门、法兰密封部位因高温烘烤导致物料泄漏形成新的火点。

（5）车辆和阵地远离减压塔。

（6）若调集若干增援力量，则应设增援力量集合点，避免造成消防车占位混乱或造成拥堵。

（三）常压泵发生火灾

图8－6为常压泵图。

1. 工艺措施

操作人员对着火泵房进行远端断电，关闭常压塔底部抽出阀门；关闭常底两路控制阀上游阀门。启动蒸汽幕实施灭火，并派出人员到现场关闭真空泵，将负压逐步恢复常压，整套装置做紧急停工处理。

2. 消防处置措施

（1）严禁在减压塔和减压泵房位置设置阵地。利用移动炮对常压泵房顶部管线和电缆进行冷却。严禁灭火人员近距离冷却和扑灭地面流淌火。

图8－6　常压泵

（2）视火势蔓延情况，设置内外观察哨对减压塔、减压汽提塔和高压、低压瓦斯分液罐表面温度进行监测，根据监测情况，调整冷却力量，保证冷却强度，防止发生坍塌和爆炸事故。

（3）观察哨实时监控减压塔、减压汽提塔和高压、低压瓦斯分液罐是否存在塔体（罐体）剧烈抖动、发出啸音、火焰颜色发生变化等情况，如出现以上爆炸征兆，应立即报告指挥员，实施紧急避险。

（4）控制地面流淌火，防止火势蔓延。

（5）在扑救泵房内部火灾之前，应向屋顶射水灭火，检查屋顶是否存在坍塌危险。

（6）利用遥控炮扑救泵房内明火或在门口、窗口喷射灭火剂，严禁人员进入泵房内部灭火。

3. 注意事项

（1）设置移动炮冷却常压泵房顶部动力电缆及物料管线，以及瓦斯分液罐。

（2）利用大功率泡沫车车载炮、大流量水泡沫两用炮，扑灭常压泵泄漏的地面流淌火，防止向减压塔等设备区快速蔓延。

（3）利用泡沫枪控制地面流淌火，防止向常压塔、瓦斯分液罐蔓延，形成新的火点。

（4）行动中注意暗井、管沟，防止行动中发生坠落。

（四）换热器发生火灾

图 8-7 为换热器图。

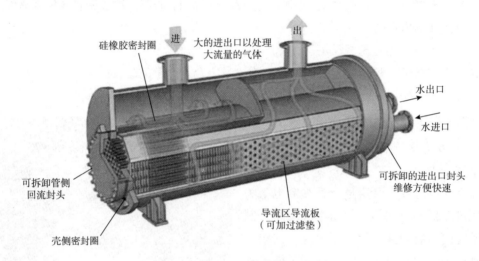

图 8-7　换热器

1. 工艺措施

由生产装置工作人员打开泄漏或着火换热器的副线阀门，关闭漏油着火的换热器的上下游阀门。利用蒸汽系统灭火，视火势发展情况，对单元或整套装置做紧急停工处理。

2. 消防处置措施

（1）换热器发生火灾时，应切换着火的换热器，运行旁路换热器，如不进行紧急停车处置的，应立即从远离着火换热器的位置登上平台，对着火换热器和毗邻换热器进行冷却，并控制地面流淌火，防止蔓延。

（2）装置进行紧急停车处理的，指挥员应设置观察哨对毗邻换热器表面温度进行监控，根据监控情况，调整冷却力量，保证冷却强度，防止发生爆炸事故。

（3）外部观察人员密切关注毗邻换热器是否存在剧烈抖动、火焰颜色发生变化等爆炸征兆，应立即报告指挥员，实施紧急避险。

（4）控制地面流淌火，防止火势蔓延。

（5）如已形成框架立体火灾，在扑救过程中应注意灭火剂的统一性，水射流冷却框架及地面设备，泡沫扑灭或控制框架设备及地面流淌火。

3. 注意事项

（1）对着火换热器壳体进行外部冷却，冷却部位应避开封头密封、管线法兰密封，避免法兰断面热胀冷缩导致事故扩大。

（2）对毗邻换热器进行冷却，重点是毗邻换热器壳体及连接管线。

（3）控制楼板流淌火，防止蔓延形成框架立体火灾。

（4）力量部署顺序：着火换热器及相连管线→毗邻换热器及相连管线→着火换热器上部篦子板设备→着火换热器楼板流淌火→地面流淌火。

（五）加热炉发生火灾

图8-8为加热炉图。

1. 工艺措施

岗位操作人员关闭瓦斯总压控阀、燃料油总压控阀；关闭瓦斯进装置总阀和燃料油抽出总阀，将加热炉熄火；全开炉膛灭火蒸汽；减顶瓦斯改放空，关闭去加热炉的阀门。视火势发展情况，对整套装置做紧急停工处理。

2. 消防处置措施

（1）加热炉发生火灾时，未紧急停车的，应立即控制地面流淌火，防止蔓延到常压泵房，并冷却减压塔和邻近的加热炉外壳。

（2）装置进行紧急停车处理的，指挥员应设置监测人员对邻近加热炉和减压塔水泥支撑构件表面温度进行监测，根据监测情况，调整冷却力量，保证冷却强度。

图8-8 加热炉

（3）消灭地面流淌火后，应利用蒸汽进行灭火，严禁直接对加热炉炉口喷射水或泡沫。

3. 注意事项

（1）控制地面流淌火，防止火势向四周蔓延。

（2）对加热炉与烟道结合部进行冷却，防止烟道挡板被烧穿。

（3）严禁直接对加热炉炉膛、炉口喷射水或泡沫，必要时可向炉膛注入蒸汽。

（4）冷却保护燃料气储罐及管线、原油管线。

六、风险防控措施

（1）参战车辆应在上风或侧上风处集结，车头朝向便于撤离的方向，车辆须停靠距着火点保持30～50m的安全距离且尽量远离减压塔位置，车辆严禁停靠在地沟、窨井上方、管道下方及其附近。若风向发生变化，应及时调整车辆和人员的作战位置。

（2）严禁在减压塔附近部署阵地，以防减压塔压力波动吸入空气，发生火灾，形成流淌火造成人员伤亡。做好减压塔由于压力波动而造成燃烧的准备，避免临时调整战斗力量部署影响灭火。

（3）火情侦察时和战斗展开时，作战人员应从上风或侧上风方向进入阵地，有效利用现场的各类掩体。火情侦察人员及近距离作战人员须着隔热服，佩戴空气呼吸器。

（4）扑救火灾过程中，现场安排观察哨实时监控火势发展情况。若火焰颜色发生变化，着火常压塔或受火势威胁设备出现剧烈抖动的爆炸前兆，易燃气体达到爆炸极限等情况，应发出紧急避险信号，组织灭火人员紧急避险，并在集结地点清点人数。发生爆炸，现场人员避险后，侦检人员须着防火隔热服，佩戴空气呼吸器，持检测仪器进入现场进行检测，确认安全后，抢险人员方可进入现场实施灭火。

（5）建立与装置工艺人员联系的机制，及时掌握工艺措施实施情况。由装置工艺人员采取关阀、断料等工艺措施，中断可燃物料输入燃烧区，装置工艺人员确认在工艺条件具备后，方可实施总攻灭火。

（6）油品外泄形成大面积燃烧时，优先使用车载炮扑灭地面流淌火，出泡沫枪配合进行设堵、导流，分片消灭。采用泡沫灭火剂覆盖地面流淌火时，严禁直流水直接冲击，防止易燃液体飞溅，影响泡沫灭火效果。

（7）冷却毗邻设备时，首先采用固定水炮对设备进行冷却。设置移动冷却水炮时，严格控制进入现场人员数量。设置好后，作战人员应退回到远离火点的安全位置。采用自摆式移动炮、遥控灭火装置等移动设备进行辅助冷却，冷却时，应采用扫射的方式将冷却水最大限度地喷射在装置、设备、管线表面和装置底座支撑框架上，确保冷却降温效果，消除冷却死角。

（8）扑救塔顶火灾时，优先使用举高车臂顶炮或消防竖管灭火。需要登塔灭火时，要根据塔顶平台活动范围宜选用短水带，用水带挂钩固定水带，并将安全钩固定在合理位置后，方可灭火。

（9）火势扑灭，应继续对着火设备进行冷却，直至降到安全温度。

第二节　溶脱减黏装置

溶脱装置，以混合丁烷为溶剂，以减压渣油为原料，在一定的温度和压力下，利用溶剂对原料中的脱沥青油有较大的溶解性而对沥青几乎不溶的特性，达到脱沥青油和沥青分离的目的。

减黏装置，以降低黏度为目的，在较低温度下的减压渣油等重质油经过轻度热裂化的过程。经减黏裂化的重质油可少掺或不掺轻质油达到商品燃料油的质量要求。同时降低凝点，并产出少量气体、裂化汽油和柴油馏分。

一、溶脱装置主要生产装置

（1）溶脱装置生产区。由原料抽提、胶质沉降、溶剂超临界分离、低压溶剂回收等系统组成。

（2）减黏装置生产区。由反应系统和分馏系统组成（图8-9）。

图8-9　溶脱装置全景

二、溶脱减黏装置原理流程图

溶脱减黏装置原理流程如图8-10和图8-11所示。

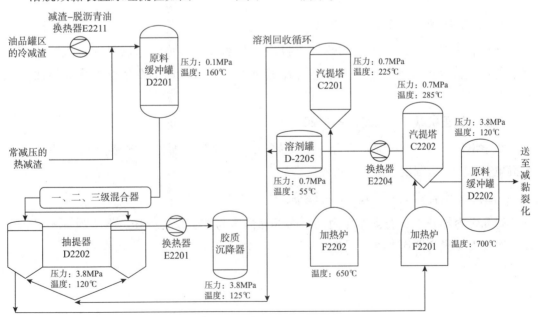

图8-10　溶脱装置工艺流程

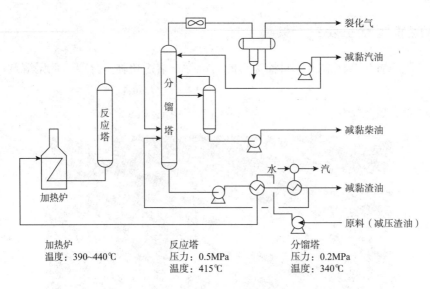

图 8 - 11　减黏装置工艺流程

三、典型物料

溶脱装置的原料为常减压装置生产的减压渣油，产品为脱沥青油、沥青。

减黏装置典型物料为减黏重油、减黏汽油和裂化气。

本装置还有丙烷、丁烷、硫化氢、一氧化碳、汽油、轻柴油。

四、要害部位

（一）加热炉 F - 2201、F - 2202

加热炉正常运行时，为了加热介质投烧大量明火，如果遇到燃料气管线或周围易燃、易爆气体介质泄漏的情况，很容易在加热炉明火的作用下发生着火爆炸事故（图 8 - 12）。

（二）高压机泵 P - 2202、P - 2206

机泵出口压力高，内部介质为易燃、易爆介质，发生泄漏时介质流速快，容易产生大量静电，达到一定程度后发生着火爆炸事故（图 8 - 13）。

（三）高压容器 D - 2202、D - 2203、D - 2204

这几个容器分别具有操作压力高，内部介质为易燃、易爆介质，发生泄漏不易被发现，容易发生火灾爆炸事故（图 8 - 14 和图 8 - 15）。

图 8 - 12　溶脱减黏装置加热炉 F2201、F2202

图 8 - 13　溶脱减黏装置高压机泵 P2202/1、2、3

图 8 - 14　溶脱减黏装置容器
D2201/2（常压）、C2204（高压）、D2201（常压）

图 8 - 15　溶脱减黏装置高压容器
D2203、D2202/2、D2202/1

第三节　气分装置

气分装置是利用各组分相对挥发度不同，实施精密分馏。

一、气分装置主要生产装置

主要由脱丙烷塔、脱乙烷塔、丙烯塔、轻重碳四分离塔组成（图 8 - 16）。

图 8 - 16 气分装置全景（站北朝南）

二、气分装置原理流程图

气分装置原理流程图如图 8 - 17 所示。

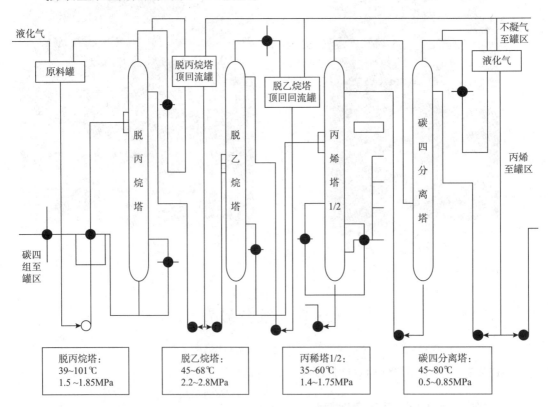

图 8 - 17 气分装置工艺流程

三、典型物料

液化气、乙烷、丙烷、丁烷、己烷、乙烯、丙烯、丁烯。

四、要害部位

（一）冷换系统

气分装置的冷换设备较多，液体稍有泄漏即可形成巨大的爆炸空间。而往往气分装置的冷换设备泄漏较为频繁，冷却器易漏的部位一是内漏，二是外漏。内漏是冷却器的管束泄漏，一般气分冷却器是液态烃走壳层，循环水走管层，液态烃压力远大于循环水压力，因此液态烃物料要向循环水中泄漏，经冷凝器管束顺循环水管线进入凉水塔，在凉水塔减压气化，向四周飘散，遇到着火源就会引发爆燃。外漏是冷却器封头泄漏，若处理不及时或处理不当就会引发火灾爆炸（图8－18）。

图8－18　冷换系统

（二）精馏塔

分离各气体馏分的精馏塔由塔底重沸器提供热源，对塔底液面、温度和塔的操作压力的控制要求十分苛刻，当操作波动较大时，会引起安全阀起跳，或使动静密封面损坏而跑损液态烃，造成火灾（图8－19）。

（三）泵区

泵区管线阀门密集，是该装置静密封点最多的部位。由于液态烃密度小，渗透力强，易泄漏，液态烃泵的端面密封比一般油泵更容易渗漏。另外，该区域管沟、电缆沟、仪表线沟纵横交错，是最容易积聚液化气的地方，液化气可以随地沟四处乱窜，很容易形成爆炸性气体（图8－20）。

图8－19　精馏塔

图 8 - 20　泵区

（四）工艺操作导致的事故

气分装置在开停工过程中容易发生火灾爆炸事故。停工时，若物料排放不净，吹扫、蒸塔不彻底就急于动火作业，易发生事故。开工时设备管线检查不到位，打压试漏有漏洞，开工操作失误，装置区内的可燃气体报警仪未投用或没有进行校验等，都会引发火灾爆炸事故。

第四节　双脱装置

双脱装置先对干气、液化气脱硫，再对液化气和汽油进行脱硫醇。

一、双脱装置主要生产装置

本装置包括干气、液化气脱硫，液化气、汽油脱硫醇，常二线碱洗，重整液化气碱洗，三催化纤维膜脱硫，轻汽油碱洗等部分（图8 - 21）。

二、双脱装置原理流程图

双脱装置工艺流程如图8 - 22所示。

图 8 - 21　双脱装置全景

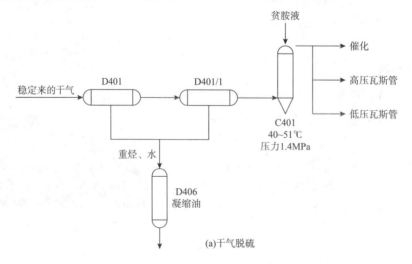

图 8 - 22　双脱装置工艺流程

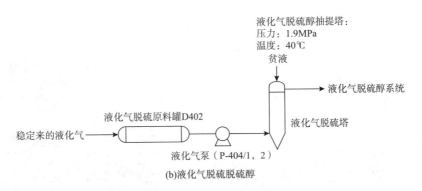

液化气脱硫醇抽提塔：
压力：1.9MPa
温度：40℃

贫液

液化气脱硫醇系统

液化气脱硫塔

液化气脱硫原料罐D402

稳定来的液化气

液化气泵（P-404/1，2）

(b)液化气脱硫脱硫醇

图8－22　双脱装置工艺流程（续）

三、典型物料

原料为干气、液化气、汽油。

本装置还有甲烷、乙烷、丙烷、丁烷、戊烷、己烷、乙烯、丁烯、硫化氢、一氧化碳、溶剂油、丙烯。

四、要害部位

（一）液位计在冬季生产时冻裂

介质泄漏，可能造成火灾或爆炸（图8－23）。

图8－23　液位计

（二）安全阀内漏，压力表、温度计、法兰和仪表引压口等密封垫泄漏

这些部位或设备长时间处于高温或者高压状态，易发生腐蚀泄漏，造成火灾或爆炸（图8－24）。

（三）液态烃阀门、管线、设备、法兰泄漏

阀门管线等部分存在常年温差，金属易疲劳老化腐蚀，造成泄漏，导致着火或爆炸（图8－25）。

图 8-24　安全阀　　　　　　　　图 8-25　液态烃阀门

第五节　催化裂化装置

催化裂化装置是在一定温度及催化剂的作用下，使重质原料油裂化生成汽油、柴油和液化气等的石油二次加工过程，是目前炼厂中提高原油加工深度，实现重油轻质化的主要装置。

一、催化裂化装置主要生产装置

主要由反应—再生系统、分馏系统和吸收—稳定系统三部分组成（图 8-26）。

图 8-26　催化裂化装置全景

二、催化裂化装置原理流程图

图 8 - 27 为催化裂化装置工艺流程图。

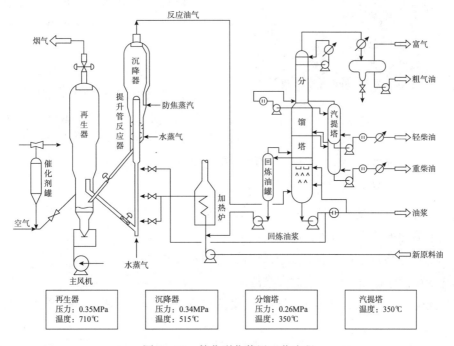

图 8 - 27　催化裂化装置工艺流程

三、典型物料

原料油：常减压的馏分油、常压渣油、减压渣油及丙烷脱沥青油、蜡膏、蜡下油。

分馏部分：富气、粗汽油、轻柴油、回炼油、油浆。

吸收稳定部分：干气、液态烃、稳定汽油。

本装置还有重油、液化石油气。

四、要害部位

（一）反应—再生系统

（1）反应器是油料与高温催化剂进行接触反应的设备，再生器是压缩风与催化剂混合流化烧焦的设备，两器之间有再生斜管和待生斜管连通，两器必须保持微正压，防止沉降器向再生器压空，防止催化剂倒入主风出口管线。如果两器的压差和料位控制不好，将出现催化剂倒流，流化介质互串而导致设备损坏，或发生火灾爆炸事故。

（2）反应沉降器提升管是原料与 700℃ 左右的高温催化剂进行接触反应的场所，其衬里容易被冲刷脱落，造成内壁腐蚀烧红，严重时会导致火灾爆炸事故的发生。

图8-28　反应—再生系统

（3）催化剂在再生器烧焦时，温度高达700℃左右，若操作不当，使空气和明火进入，会立即发生燃烧爆炸，因此在催化剂进入再生器前，应将油、气分离掉，并定期检测再生反应系统、加热炉等设备，防止设备、管线损坏致使油品外泄。

（4）再生系统由于再生烟气露点温度高于设备壁温，烟气中 NO_x 和 SO_x 等酸性气体在设备壳体内壁与水蒸气一起凝结成酸性水溶液，形成腐蚀性环境，器壁在各类残余应力的作用下易产生应力腐蚀裂纹，严重时会引起火灾（图8-28）。

（二）分馏系统

（1）高温油气从反再系统通过大油气管线系统进入分馏塔，含有催化剂粉末的油气在高速流动下易冲蚀管线及设备，造成火灾事故。

（2）分馏塔底液面高至油气线入口时，会造成反应器憋压，若处理不当，会导致油气、催化剂倒流而造成恶性火灾爆炸事故。

（3）分馏塔顶油气分离器液面超高，会造成富气带液，损坏气压机，甚至发生爆炸事故。

（4）开停工拆装大油气管线的盲201时，如配合不佳，蒸汽量调节不当，空气串入分馏塔或油气串回反应器，易造成火灾爆炸事故。

（三）吸收稳定系统

该系统压力高，而且介质均为轻组分，硫化物也会聚集在该系统，易造成设备腐蚀泄漏或硫化亚铁自燃，发生火灾爆炸事故（图8-29）。

（四）大机组、废热锅炉、外取热器

这些主要设备若发生故障，都会导致着火爆炸（图8-30）。

图8-29　吸收稳定系统

图8-30　催化裂化装置大机组

第六节 聚丙烯装置

该装置可生产均聚物、无规共聚物和三元共聚物，用于注塑、热成型、BOPP膜和纤维等制品，产品性能优异。

一、聚丙烯装置主要生产装置

100单元负责装置所需的催化剂、助催化剂、添加剂的配制和计量，并为其他单元提供冲洗或密封用油。

200单元完成聚合反应，保证产品质量。

300单元、500单元回收未反应丙烯，最大限度降低丙烯损耗。

700单元操作保证原料质量满足要求。

800单元粉料造粒，延长保质期。

900单元包装出厂（图8-31）。

图8-31 聚丙烯装置区

二、聚丙烯装置原理流程图

聚丙烯装置工艺流程如图8-32所示。

三、典型物料

丙稀、氢气、聚丙烯、三乙基铝。

本装置还有主催化剂、给电子体（DONOR）、一氧化碳、氮气。

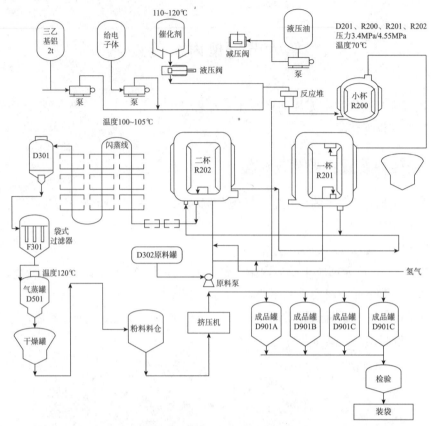

图 8 - 32　聚丙烯装置工艺流程

四、要害部位

（一）核放射源

核源：铯 137，铅封遇高温融化，核辐射对人员造成严重危害。

（二）丙烯塔、三乙基铝罐

丙烯塔、三乙基铝罐如图 8 - 33 和图 8 - 34 所示。

图 8 - 33　丙烯塔（原料区）

图 8 - 34　三乙基铝罐（100 单元）

丙烯泄漏、遇点火源，造成人身伤害、火灾、爆炸。

使用非防爆工具操作，遇可燃气体泄漏，引发火灾爆炸。

三乙基铝一旦泄漏，遇空气燃烧，遇水爆炸。

第七节　MTBE 装置

该装置以气体分离装置生产的混合碳四馏分和甲醇为原料，在酸性树脂催化剂的作用下发生醚化反应生成甲基叔丁基醚（MT-BE）。

一、MTBE 装置主要生产装置

该装置由反应、产品分离部分和甲醇回收部分两部分组成（图 8 - 35）。

二、MTBE 装置原理流程图

MTBE 装置工艺流程如图 8 - 36 所示。

图 8 - 35　MTBE 装置区

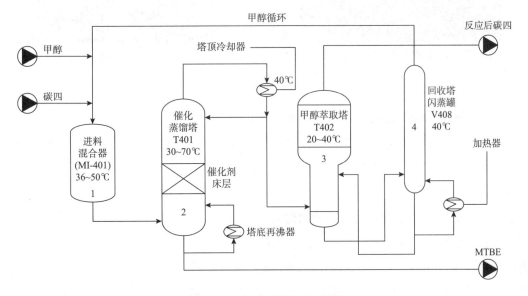

图 8 - 36　MTBE 装置工艺流程图

三、典型物料

混合碳四、甲醇、轻汽油、MTBE、醚化汽油。

四、要害部位

（一）防止离子净化器－反应器系统超温超压泄漏引起火灾

离子净化器－反应器系统（图8－37）是原料混合碳四和甲醇与催化剂接触发生化学反应的设备，生产操作中必须保证离子净化器－反应器系统压差、温度稳定，防止因为压差、温度高造成设备的泄漏。

图8－37　MTBE离子净化器－反应器系统
（SR4011－402）

图8－38　MTBE催化蒸馏塔
（最左侧T401）

（二）催化蒸馏塔设备超温超压易导致碳四泄漏

MTBE装置催化蒸馏塔（图8－38）是在加压条件下进行的。操作中严格按照工艺要求，控制塔内的温度和压力以及塔釜液面的高度，防止操作发生大的波动时引起碳四从安全阀及设备密封薄弱部位外泄。

（三）设备管线腐蚀泄漏引起着火爆炸

含有磺酸根的强酸性催化剂在高温、高流速状态下对工艺管线和设备有一定的冲蚀和腐蚀作用。混合碳四中的碱金属离子对催化剂有毒害作用，并对设备和管线有一定的腐蚀性。一旦设备和管线耐压强度降低或腐蚀穿孔，高温液化气、MTBE、甲醇等喷出会立即自燃着火。

（四）混合碳四罐、未反应碳四罐、甲醇原料罐发生泄漏导致火灾

混合碳四原料罐、未反应碳四罐中的脱水线，若液面、界面指示不明显，液面控制出现故障、脱水阀门关闭不严或操作失误等，均可能导致碳四从脱水阀门泄漏，引起火灾爆

炸事故（图 8 - 39 和图 8 - 40）。

图 8 - 39　MTBE 混合碳四罐（V401）
甲醇原料罐（V402）二层最西侧

图 8 - 40　MTBE 未反应碳四罐（V405）
三层最东侧

第八节　醚化装置

醚化装置以脱二烯烃装置分馏塔顶轻汽油为原料，利用轻汽油中活性烯烃最大程度地与甲醇进行反应，生成具备高辛烷值、低蒸汽压的汽油产品。

一、醚化装置主要生产装置

该装置由轻汽油水洗及甲醇净化部分、醚化反应分离部分和甲醇回收部分组成（图 8 - 41）。

图 8 - 41　醚化装置区

二、典型物料

轻汽油、醚化汽油、甲醇。

三、醚化装置原理流程图

醚化装置工艺流程如图 8 - 42 所示。

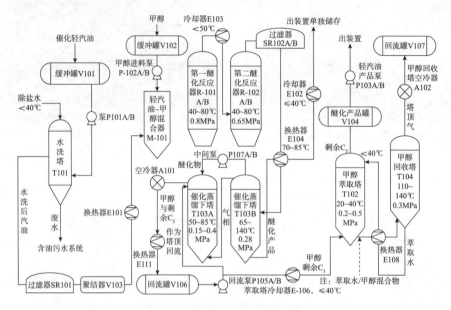

图 8 - 42 醚化装置工艺流程

图 8 - 43 醚化装置预反应器 -
反应器系统（R101A/B、
R102A/B）最东侧

四、要害部位

（一）预反应器 - 反应器系统超温超压泄漏引起火灾

预反应器 - 反应器系统（图 8 - 43）是原料轻汽油和甲醇与催化剂接触发生化学反应的设备，生产操作中必须保证预反应器 - 反应器系统压差、温度稳定，防止因为压差、温度高造成设备的泄漏，从而导致火灾。

（二）设备管线腐蚀泄漏着火爆炸

含有磺酸根的强酸性催化剂在高温、高流速状态下对工艺管线和设备有一定的冲蚀和腐蚀作用。轻汽油中的碱金属离子对催化剂有毒害作用，从而对设备和管线也有一定的腐蚀性。一旦设备和管线耐压强度降低或腐蚀穿孔，高温汽油、甲醇等喷出会立即自燃着火。

（三）轻汽油及甲醇原料罐、醚化汽油产品罐等中的轻汽油、醚化汽油、甲醇发生泄漏形成流淌火

轻汽油原料罐、醚化汽油产品罐中的脱水线，若液

面、界面指示不明显，液面控制出现故障、脱水阀门关闭不严或操作失误等，均可能导致汽油从脱水阀门泄漏，引起火灾爆炸事故（图8-44）。

图8-44　醚化装置（二层由左2至左4）轻汽油罐（V101）、
甲醇原料罐（V102）、回流罐（V106）

（四）危险化学品泄漏

整个生产装置中涉及到的原料储存罐、中间储存罐、半成品罐较多，内装有轻汽油、甲醇、醚化汽油等，一旦出现跑、冒、滴、漏现象，极易造成火灾或爆炸。物料温度过高或误操作，亦可能出现跑、冒、滴、漏等事故。

第九节　重整装置

重整装置以$C_6 \sim C_{11}$石脑油馏分为原料，在双功能催化剂作用下，通过脱氢、环化和异构化等反应，使环烷烃和烷烃转化生成芳烃和异构烷烃，并富产氢气的过程，是现代炼厂生产高辛烷值汽油和芳烃的二次加工过程。

一、重整装置主要生产装置

石脑油加氢、重整、催化剂再生、重整产物后分馏几个部分（图8-45）。

二、重整装置原理流程图

重整装置工艺流程如图8-46所示。

图8-45　重整装置全景

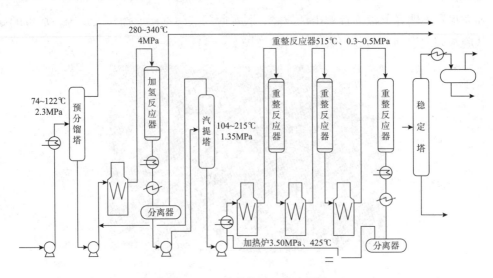

图 8 - 46　重整装置工艺流程图

三、典型物料

重整装置的原料为常减压装置的直馏石脑油、柴油加氢装置的粗汽油和催化裂化重汽油的混合原料，产物为高辛烷值催化汽油，副产品为氢气。

四、要害部位

催化重整装置是临氢装置，氢气为甲类可燃气体，其爆炸极限宽，为 4.0% ~ 75.6%。

（一）反应器

预加氢反应和重整反应都在反应器内进行，器内不仅有昂贵的催化剂，而且充满着易燃易爆烃类、氢气等物质，操作温度高，压力较大，如反应器超温、超压，处理不当或不及时，将会使反应器及其附件发生开裂、损坏，导致泄漏，而引起火灾爆炸事故（图 8 - 47 和图 8 - 48）。

图 8 - 47　重整装置预加氢反应器
R101A/B、102（重整南侧）

图 8 - 48　重整反应器
R204/203/202/201（偏西侧四层）

（二）高压分离器

反应物流在高压分离器进行油、气、水三相分离，同时该分离器又是反应系统压力控制点，如液面过高，会造成循环氢带液，而损坏压缩机，使循环氢泄漏。液面过低，容易出现高压串低压，引发设备爆炸事故，还有各安全附件，如安全阀、液面计、压力表、调节阀、控制仪表等任何一项失灵，都有可能导致爆炸事故的发生（图 8 – 49）。

图 8 – 49　高压分离器 D103（南侧二层）

（三）氢气压缩机

氢气管线腐蚀，法兰密封不严，造成氢氧互窜；或者机体密封不严，气体泄漏到爆炸浓度，导致着火爆炸（图 8 – 50 和图 8 – 51）。

图 8 – 50　重整压缩机 K202A/B/C（东侧二层）　　图 8 – 51　预加氢氢气压缩机 K102A/B（东侧一层）

（四）加热炉

如图 8 – 52 和图 8 – 53 所示为重整加热炉、预加氢加热炉。

（1）对流室炉管泄漏着火。

（2）炉管表面烧裂漏油着火。

（3）对流室炉管油串入炉子，吹灰蒸汽线着火。

（4）瓦斯串入炉膛，炉子点火前，没有按照操作规程向炉膛吹蒸汽引起爆炸。

（5）瓦斯系统阀门不严或管线泄漏而引起爆炸着火。

（6）炉子熄灭后，瓦斯控制阀全开，瓦斯进入炉膛，遇明火爆炸。

图 8 – 52　重整加热炉
F201、F202、F203、F204（重整西侧）

图 8 – 53　预加氢加热炉 F101
（西南侧）

第十节　PSA 催化干气回收装置

PSA 催化干气回收装置以催化干气为原料，采用变压吸附技术，通过预处理和 VPSA 氢提纯两部分，从催化干气中分离出纯度大于 99% 的粗氢气，再采用化学方法脱氧使产品氢纯度大于 99.5%，然后送至氢气管网。

一、PSA 装置主要生产装置

该装置由催化干气预处理部分、变压吸附氢提纯部分和粗氢气脱氧压缩部分组成（图 8 – 54）。

图 8 – 54　PSA 催化干气回收装置

二、PSA 装置原理流程图

PSA 装置工艺流程如图 8 – 55 所示。

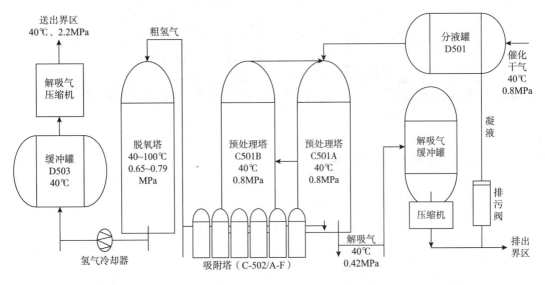

图 8 – 55 PSA 装置工艺流程图

三、典型物料

催化干气、氢气、解吸气。

四、要害部位

PSA 装置属甲类火灾危险装置。装置生产的原料、中间产物具有易燃易爆、可燃的性质，危险系数较大。装置的大部分区域为爆炸危险二区，大部分容器为压力容器，尤其是氢气具有爆炸范围宽（4.11% ~74.2%）、泄漏后易燃易爆的特性，所以火灾和爆炸是本装置的主要危险。

第十一节 加氢装置

加氢装置是让各种油品在氢压下进行催化改质，目的是对油品进行脱硫、脱氮、脱氧、烯烃饱和、芳烃饱和反应，以改善油品的品质，满足环保对油品的使用要求。

一、加氢装置主要生产装置

主要有反应和分馏两部分组成（图 8 – 56）。

图 8 - 56　加氢装置全景

二、加氢装置原理流程图

加氢装置工艺流程如图 8 - 57 所示。

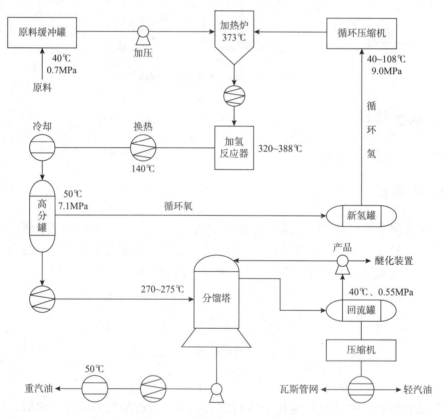

图 8 - 57　加氢装置工艺流程图

三、典型物料

60×10^4 t/a 加氢改质装置的原料油为催化柴油和直馏柴油的混合油或催化柴油，主要产品为改质柴油，副产品为粗汽油。

120×10⁴t/a 加氢精制装置以催化柴油和直馏柴油为原料，生产优质柴油产品，副产品为粗汽油。

本装置还有氢气、含硫燃料气、氨、硫化氢。

四、要害部位

（一）炉管破裂着火

一般炉管破裂是因为炉管长时间失修，出现膨胀鼓泡、脱皮、管色变黑以致破裂；如燃料气带油喷入炉管上燃烧；火嘴不正，火焰直扑炉管造成炉管局部过热也会导致破裂；炉管材质不好，受高温氧化及油料的冲蚀腐蚀发生砂眼或裂口；炉管检修中遗留的质量缺陷（图8-58）。

（二）炉管弯头漏油着火

弯头有砂眼，年久腐蚀，检修质量不好，操作变化大而引起剧烈胀缩等。

（三）换热器的高压管线或法兰泄漏着火

高压管线内壁或法兰长期受高压、高温物料冲击造成磨损，易形成沙眼或裂缝（图8-59）。

图8-58　加氢装置加热炉

（四）泵房及压缩机厂房火灾爆炸

各类泵及压缩机排列紧密，相隔距离一般为 5～10m，内部介质通常为高压氢气，如发生泄漏则会快速蔓延，影响周边设备；若泄漏物质达到爆炸极限且厂房空间较小，遇明火或高温将导致爆炸（图8-60）。

图8-59　加氢装置换热器

图8-60　加氢装置泵房

（五）反应塔区

加氢装置反应条件苛刻，反应压力 7.0MPa，反应温度 389℃，尤其是高分罐、低分罐，要求操作精密，如出现操作失误，导致液面剧烈波动并串压，将对设备、管线造成致命损害，造成泄漏火灾爆炸事故（图 8-61）。

图 8-61　加氢装置反应器

（六）临氢易燃易爆、硫化氢中毒

氢气具有易扩散、易燃烧、易爆炸且爆炸温度高的特点。

（1）氢是最轻的化学元素，在相同体积下，氢气重仅为空气的 6.9%，氢分子的运动和扩散速度比其他所有物质的分子都快。如果充有氢气的设备、管道泄漏，氢气就会升至屋顶死角处，积聚不散，增加了燃烧和爆炸的危险。

（2）氢气的火焰有"不可见性"，而且燃烧速度很快，化学性质很活泼，在空气中，点火能量特别低，只要微小的明火甚至猛烈撞击就会发生爆炸，其爆炸范围为 4.0% ~75.6%。

另外，在生产中还有一些有毒物质，如硫化氢等，引起中毒也是本装置的危险之一。

第十二节　苯抽提装置

苯抽提装置的原料分馏部分的目的是利用精馏的方法，获得合适的抽提进料；抽提部分的目的是采用环丁砜溶剂与抽提进料的混合烃，通过液-液抽提和汽提蒸馏工艺分离成芳烃和非芳烃产品；芳烃分离部分的目的是将混合芳烃分离成符合规格的苯、甲苯产品。

一、苯抽提装置主要生产装置

由原料分馏、抽提及芳烃分离三个部分组成（图 8-62）。

（1）原料分馏部分包括脱辛烷塔。

（2）抽提部分包括抽提塔、水洗塔、汽提塔、回收塔、溶剂再生塔。

（3）芳烃分离部分包括苯塔和甲苯塔。

图 8 – 62　苯抽提装置

二、苯抽提装置原理流程图

苯抽提装置工艺流程如图 8 – 63 所示。

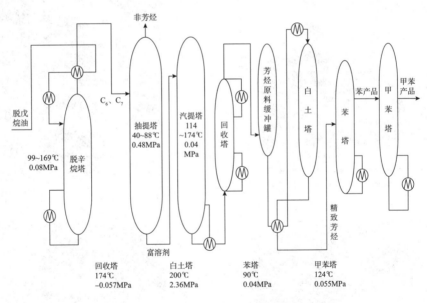

图 8 – 63　苯抽提装置工艺流程图

三、典型物料

以 $60 \times 10^4 t/a$ 连续重整装置生产的脱戊烷汽油为原料，主要产品为苯、甲苯和高辛烷值汽油调合组分。

本装置还有汽油、苯、甲苯、二甲苯、环丁砜。

四、要害部位

（一）原料和精馏部分

苯抽提装置是在较高温度和压力条件下操作的，所用原料、产品多为易燃、易爆物质，物料一旦泄漏遇点火源易发生火灾爆炸事故。本装置分为原料分馏、抽提、精馏三个部分，其中发生火灾爆炸风险比较大的为原料分馏和精馏部分。本单元主要介质为苯和甲苯，其物化特性都是有毒有害，易燃易爆的可燃液体。

（二）原料分馏塔、白土塔、苯塔、抽提进料缓冲罐、苯塔进料缓冲罐

本装置涉及的主要介质苯、甲苯、汽油均为有毒有害、易燃易爆介质，一旦发生泄漏有可能造成火灾、爆炸、人员中毒甚至死亡等恶性事故（图8-64～图8-67）。

图8-64　苯塔（T709）及原料分馏塔
（脱率烷塔T701）北侧

图8-65　白土塔T708A/B（西南侧）

图8-66　缓冲罐组（南侧）

图8-67　进料缓冲罐V702二层南侧

第十三节　酸性水汽提装置

酸性水汽提装置所处理的含硫酸性水采用沉降和油水分离器两级除油处理。采用单塔加压抽侧线方案，三级分凝后得高纯度富氨气，用软化水或稀氨水经混合器吸收成为15%（质量分数）氨水，或经氨精制系统制成高纯度的液氨。

一、酸性水汽提装置主要生产装置

主要有含硫酸性水汽提、氨精制两部分（图8-68）。

二、典型物料

原料为来自全厂各装置的含硫酸性水，产品为液氨。

图8-68　酸性水汽提装置

三、酸性水汽提装置原理流程图

酸性水汽提装置工艺流程如图8-69所示。

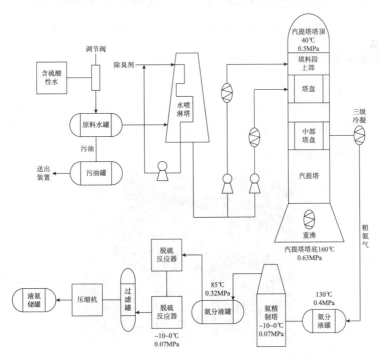

图8-69　酸性水汽提装置工艺流程图

四、要害部位

（一）排空管线

向火炬系统排放低压瓦斯时，排放速度过快，造成排空管线拉裂，瓦斯泄漏。

（二）汽提塔顶的酸性气分液罐存在硫化氢泄漏风险

本装置（图8-70）存在的主要风险是危险化学品的泄漏对人员的危害。硫化氢是一种无色剧毒气体，在空气中含量极低时，能闻到臭鸡蛋气味，随着浓度的变化气味有所变化。人体系统容易习惯硫化氢味，因而浓度增加可能不会引起注意。

图8-70　油气分离器D757（反应器框架第五层西南侧）

（三）液氨罐及液氨装车线存在氨气泄漏风险

氨为无色，具有强烈刺激性的气体，极易溶于水，其水溶液称为氨水，显碱性。氨对人体的危害，主要是对上呼吸道的刺激和腐蚀。氨与人体潮湿部分的水分作用生成的高浓度氨水，可导致皮肤的碱性灼伤，如溅到眼睛可致失明。氨气发生泄漏时会产生大量白色烟雾，并伴有局部温度急剧下降（图8-71）。

图8-71　液氨罐D758A/B（框架第二层东侧）

第十四节 S Zorb 装置

S Zorb 装置采用吸附反应工艺原理，可在辛烷值损失少的情况下，使汽油产品的硫含量降低至 10ppm（10^{-5}），生产低硫清洁汽油产品。

一、S Zorb 装置主要生产装置

主要包括进料与脱硫反应、吸附剂再生、吸附剂循环和产品稳定四个部分（图 8-72）。

二、典型物料

S Zorb 装置处理的是 $2^{\#}$ 和 $3^{\#}$ 催化装置的混合汽油，主要产品为超低硫精制汽油，副产少量燃料气。

图 8-72 S Zorb 装置区

三、S Zorb 装置原理流程图

S Zorb 装置工艺流程如图 8-73 所示。

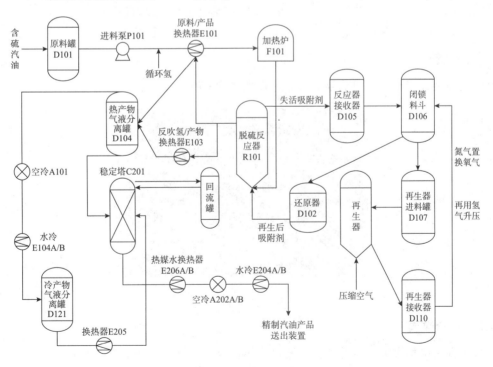

图 8-73 S Zorb 装置工艺流程图

四、要害部位

（一）反应器、氢气压缩机、换热器

装置临氢、高温、高压、有毒、易燃、易爆，稍有不慎，随时可能发生火灾事故，通常出于设备故障，公用工程系统故障，误操作及装置泄漏等。尤其应注意 8 个换热器 E101/A—H，一旦泄漏将立即起火（图 8 - 74 和图 8 - 75）。

图 8 - 74　反应器及换热器

（装置区东侧）

图 8 - 75　4 个氢气压缩机 K102A/B、K103A/B

（北侧一层）

（二）管线

管线破裂或密封法兰泄漏导致着火爆炸（图 8 - 76）。

图 8 - 76　管线

（三）全装置

本装置为甲类火灾危险性装置，原料为催化汽油、氢气，产品为清洁汽油，原料和产

品均是易燃、易爆液体和气体。

生产过程中反应和再生为连续过程，反应部分的高压氢气环境和再生部分的低压氧环境之间切换循环操作，动作频率高，逻辑关系复杂，对仪表设备和控制系统要求高。在工艺设计、设备质量以及生产操作中出现问题，均有发生火灾和爆炸事故的可能性。

（四）临氢、易燃易爆

氢气具有易扩散、易燃烧、易爆炸且爆炸温度高的特点。

（1）氢是最轻的化学元素，在相同体积下，氢气重仅为空气的6.9%，氢分子的运动和扩散速度比其他所有物质的分子都快。如果充有氢气的设备、管道泄漏，氢气就会升至屋顶死角处，积聚不散，增加了燃烧和爆炸的危险。

（2）氢气的火焰有"不可见性"，而且燃烧速度很快，化学性质很活泼，在空气中，点火能量特别低，只要微小的明火甚至猛烈撞击就会发生爆炸，其爆炸范围为4.0%~75.6%。

第十五节 石油化工装置火灾扑救要则

一、力量调集

（1）应根据石油化工企业产能规模、装置加工能力、生产性质、分布区域、灾情等级和可控程度，结合本地消防执勤实力，确定作战力量编成。

（2）主战车辆应优先调集大流量、高效能泡沫消防车和高喷消防车、重型水罐车、干粉消防车。灭火冷却优先选用大流量移动炮、高喷炮、车载炮或拖车炮。

（3）调集远程供水系统、泡沫液、泡沫输转泵等供水设备，以及装备抢修、油料供给等战勤保障车辆。夜间处置行动增调照明车和移动照明设备。

（4）根据现场需要，调集企业专职消防队伍、工程技术人员和石油化工专家，以及公安、供水、供电、医疗救护、环境保护、安监、市政、气象等应急联动力量到场配合处置。事故现场靠近水域的，可调集水上救援力量参与处置。

（5）视情调集挖掘机、推土机、水泥罐车、吊车等工程机械车辆和沙土等物资筑堤围堵流淌火和有毒污水。

二、途中决策

（1）途中侦察。

车辆出动后，联系作战指挥中心、报警人和事故单位联系人了解以下情况：

①出警地址和任务。

②人员伤亡疏散情况、危害程度，有无人员被困和有无重要物质及重大危险源受到威胁。

③燃烧部位、形式及范围，燃烧物质种类、储量，泄漏物料扩散情况。

④企业先期处置和固定消防设施运行情况。

⑤增援力量出动和社会应急联动单位调集情况。

接近现场时加强对以下情况的观察：

①风向、风力情况。

②着火装置方向的响声、火光、烟雾等情况。

③企业（园区）火炬排放等情况。

④泄漏物质扩散情况。

⑤着火装置或系统状态情况，是满负荷运行还是停车检修。

（2）查询灭火救援辅助决策系统、着火企业单位熟悉记录、作战信息卡、灭火救援预案等资料，了解以下情况：

①装置的生产工艺流程、主要生产原料和产品等情况。

②燃烧物质的理化性质、处置对策、防护措施和注意事项。

③着火单位周边消防水源和内部消防设施情况。

④着火装置的位置、邻近道路和毗邻情况。

在了解灾情的同时，应指导事故单位疏散人员、控制灾情发展。

（3）根据灾害规模和发展趋势，视情申请增援。

（4）出动途中，中队指挥员应向作战指挥中心、本中队其他车辆和增援中队指挥员通报掌握情况，结合实际预先部署车辆停靠位置和初步作战分工，提示处置行动注意事项。

三、车辆停靠

（1）先期到场车辆不要贸然进入事故区域，并为增援车辆预留停车位置和行车通道。要在适当位置设置车辆集结区，指定专人统一调度，明确作战位置和行车路线，确保现场车辆进出和停靠安全有序。

（2）主战车辆要尽量选择上风或侧上风方向地势较高的停车位置，车头朝撤离方向，与着火装置保持一定的安全距离。

（3）车辆严禁停靠在地沟、下水井附近，坡道正下方，架空管线下等位置，防止爆炸、倒塌、地面流淌火等造成人员伤亡和车辆损坏。

（4）供水车辆要在后方靠近水源停靠，并与前方主战车辆保持一定距离。

（5）消防车辆在坡道停车或利用天然水源吸水供水时，要注意检查路基承重，并对车辆采取制动和轮胎固定措施。

（6）举高消防车在停靠位置要充分考虑作业环境和作业面。

四、灾情评估

（1）到达现场后，要利用消防控制室、生产中控室，询问知情人、外部观察、内部侦察、仪器检测等手段侦察掌握现场灾情变化，研判火势危害程度，与作战指挥中心保持联系。火情侦察和灾情评估应贯穿于灭火战斗全过程。

优先利用消防控制室、生产中控室 DCS 进行侦察，重点查明下列情况：

①消防水泵、固定消防设施及其联动设备动作情况。

②着火装置和关联装置温度、压力、物料储量等情况。

③工艺处置措施运用情况。

④着火装置高处、周边部位的监控图像。

询问知情人主要掌握下列内容：

①着火装置相关联的生产工艺流程。

②泄漏或着火部位，发生原因，物料种类、储量物性。

③相邻装置或设施受损情况。

④已采取的处置措施及其他处置建议。

对着火装置及周边部位实施侦察，主要了解下列情况：

①有无人员受伤或被困。

②燃烧火焰形态、颜色，烟气颜色、扩散方向和范围。

③有无流淌火，有无需保护的重要设施、设备。

④固定消防设施种类、位置及运行情况。

⑤管线、沟渠、下水道布局走向。

⑥现场及周边消防水源情况。

⑦灭火作战进攻路线和阵地设置位置。

仪器检测主要了解下列情况：

①有无有毒有害物品。

②毒害品泄漏范围。

③装置爆炸浓度范围。

④警戒区域范围。

⑤个人防护等级。

（2）现场指挥员应根据火情侦察情况评估灾害规模，确定火场主要方面，判断作战行动安全风险。主要判定以下情况：

①灾情扩大可能波及范围及造成后果。

②警戒区域和人员疏散范围。

③可采取的工艺处置措施。

④人员安全防护等级，需要冷却部位和控火措施。

⑤所需灭火、供水和保障力量。

五、安全警戒

（1）应根据侦检情况、气象条件等综合划定警戒范围，设置明显警戒标志，实行交通管制，严禁无关人员车辆进入警戒区。同时，要根据现场情况变化，及时调整警戒区范围。

（2）所有进入人员应严格按照防护等级，落实防护措施。

（3）警戒区内禁绝一切火源，通信设施全部使用防爆类，进入火场人员不得穿着化纤类衣服，进入车辆必须安装防火帽。

六、组织指挥

（1）到场后，指挥员应第一时间联系单位技术人员，在了解前期采取的处置措施，听取单位的处置意见后，组织灭火救援行动，并及时向作战指挥中心报告现场情况，视情请求增援。

（2）增援中队指挥员途中应主动联系作战指挥中心和辖区中队，报告行进位置，了解现场情况，及时领受作战任务，指挥所属力量开展作战行动。

（3）总（支）队全勤指挥部出动途中应全面搜集掌握现场情况，调度增援力量出动情况，指导现场力量开展作战行动。到场后成立现场作战指挥部，进一步研判灾情，调整到场力量部署，及时向上级部门和地方政府通报灾情发展和处置情况。

（4）灭火作战行动指挥由总指挥、若干战斗分区前方指挥、后方指挥和保障指挥组成，还应联系单位技术人员和石化专家为处置行动提供辅助决策和指导。

①现场作战指挥部根据灾害规模及到场力量划分战斗分区，明确作战任务，并指定指挥员。

②应当在着火单位消防监控室、生产中控室设置指挥员，持续监控DCS系统数据变化和着火装置安全状况，观察火灾现场发展态势和危险征兆，协调配合单位技术人员实施工艺处置措施。

③后方指挥负责调度指挥后续增援车辆。制定火场供水方案，统一调配供水车辆装备，建立供水线路，确保各战斗分区供水不间断。

④保障指挥负责现场通信、饮食、医疗、装备抢修、油料和灭火剂补充等保障任务的组织指挥。

（5）指定专人负责与其他联动处置力量协调联络。重点协调公安部门对现场周边实施警戒疏散，环保部门实时监测通报现场空气、水源、土壤受污染情况，气象部门实时监测通报现场天气变化情况，市政部门调集挖掘机等工程机械设备配合处置行动。

七、设施应用

（1）石油化工装置发生火灾，要以单位为主体，及时采取系统紧急放空、装置紧急停车、关阀断料、蒸汽吹扫、惰性气体保护、火炬放空、输转导流等工艺处置措施，并开启固定设施控制险情。

（2）石油化工单位内部设有消防控制室、消火栓系统和消防水池，装置周边一般设有固定式消防炮、蒸汽灭火系统，储罐一般设有水喷淋系统、半固定泡沫灭火系统等消防设施。

①消防控制室。利用消防控制室查看消防设施运行情况，观察着火装置及周边监控图像，为前方指挥提供辅助参考。

②蒸汽灭火系统。开启着火装置蒸汽灭火系统稀释泄漏气体，对装置形成保护，也可达到窒息灭火作用。

③固定式消防水炮（泡沫炮）。启动固定消防水炮可以对着火装置及周边设施实施冷却保护，减少一线作战人员。

④水喷淋系统。开启周边装置或储罐的水喷淋系统可起到冷却保护作用。

⑤半固定泡沫灭火系统。启动设置在油罐周边的半固定泡沫灭火系统，可直接与车载泡沫连接。

（3）使用单位内部消火栓和自动喷水灭火系统要考虑消防泵压力和供水管网流量，优先保障着火装置周边冷却用水。

八、冷却抑爆

（1）灭火力量、灭火剂保障未到位，灭火时机不成熟时，不能盲目灭火。要对着火装置和周边装置设备采取冷却和封堵措施，降低现场温度，防止发生爆炸。

（2）对高温设备优先选用蒸汽灭火系统、固定消防水炮或移动遥控炮等设施器材实施冷却。冷却保护要全面均匀，不能出现空白点，防止装置局部受热变形。

（3）在受到火势威胁的生产装置或设备之间设置水幕，降低热辐射对相邻生产装置和设施的威胁强度。

（4）使用高压喷雾水流或蒸汽驱散、稀释可燃气体和易燃液体蒸气。火灾扑灭后，要及时堵漏并对燃烧区内设备、管线继续进行冷却，直至温度降到正常。

（5）实施冷却要听取企业单位技术人员的意见，防止冷却水直接喷射到不宜骤冷的装置上。

九、工艺处置

（1）要积极配合石化专家和单位技术人员，采取工艺处置措施控制灾情。

（2）采取关阀断料、灌注惰性气体等措施中断着火装置物料供应。应调取工艺流程图，标注上下游工艺走向和阀门位置。关阀前必须了解着火装置在工艺流程中的位置、作用和关阀后对其他设备的影响。除关闭着火设备的进料阀外，还要关闭邻近设备的进料阀。

（3）装置系统压力接近设计值，应考虑火炬紧急放空泄压或者装置单元放空管紧急排放泄压。如装置无火炬排放或者不具备紧急排放条件，需采取控制燃烧措施。

（4）可燃气体或不溶于水的易燃液体装置火灾，可采取开阀导流措施，减少可燃物料。导流速度不能过快，可采取填充氮气或蒸汽等稳压措施，防止被导流设备内出现负压吸入空气形成爆炸性气体混合物，发生回火爆炸。

（5）进行工艺处置时，要制定详细行动方案，根据专家意见，配合技术人员实施。对相关装置设备要充分冷却保护，对作业人员要使用水枪掩护。

十、灭火实施

（1）扑救石油化工装置火灾应按照"先外围、后中心，先地面、后装置"的顺序，在实施冷却保护的同时，首先消灭外围火点和地面流淌火，最后扑救装置火灾。

（2）应根据流淌火面积、蔓延方向、地势、风向等因素筑围堵或定向导流，同时部署必要数量的泡沫炮（枪），消灭流淌火。地面流淌火面积较大时，应适时划分几个作战区域，采取分割围歼、分片消灭的方法灭火。

（3）灭火所需作战车辆装备部署、灭火剂保障、通信联络等准备工作到位后，要把握工艺措施到位、火势平稳、风力减小等有利时机组织进攻灭火。

（4）在装置物料泄漏量不大、压力不高、短时间内可控制泄漏源的情况下，可实施快速灭火，并迅速采取关阀断料或对泄漏点实施封堵。

（5）明火扑灭后，要保留部分作战力量对重点部位进行冷却监护。

（6）在灭火力量准备不充分、灭火后控制措施不清楚的情况下，应当维持稳定燃烧，严禁盲目灭火。

（7）在部署力量的同时，确定紧急避险路径、方式，一利于避险，二利于二次进攻及力量调整。

十一、供水保障

（1）火灾现场可利用的水源主要有单位内部消火栓、消防水池、循环水池、工艺过滤水池、工业二次水池、周边天然水源等。

（2）要根据单位内部消火栓管网形式、管径、压力和已启用固定消防炮的数量确定可供消防车取水的消火栓数。附近有天然水源或大型储水设施的，可利用消防艇、拖轮、浮艇泵、手抬机动泵供水。

（3）根据供水车辆装备的性能、水源地至火场的距离和道路交通情况，合理选择供水方式。

（4）一般情况下，水源与火场距离在单车供水范围内时，优先选用重型水罐车占据水源直接供水。水源地距离火场较远的，要使用远程供水系统直接供水或采取运水供水。

（5）供水线路要靠路边一侧平直敷设，减少与车辆行进线路的交叉。必须穿过行车路线的，要挖掘沟槽或使用水带护桥保护。主要供水干线必须由专人看护巡查，并备有机动水带，一旦出现破损及时更换。

（6）根据现场需求，及时通知市政供水部门加大事故地区供水管网的流量和压力，视情调集市政运水车、环卫洒水车等车辆，向事故现场供水。

十二、现场监测

（1）处置过程中，要设置多个监测点对作战区域由内向外进行动态侦检，并逐步扩大检测区域，特别是下风和侧下风方向。

（2）灭火堵漏后，要重点检测泄漏点、管线阀门处、火场低洼处、墙角、背风以及地下空间出口处等部位。

（3）现场残留气体浓度降至仪器最低报警读数以下时，可解除现场警戒。

（4）要及时关闭事故单位内部的雨排系统，打开化污水系统。在关键位置设置围栏，对现场的灭火、冷却废水要进行回流疏导，集中收集处理，防止发生环境污染等次生灾害。

（5）如有塔受火势威胁，要注意观察其是否倾斜。

十三、安全管理

（1）处置石化装置火灾事故，必须在消防控制室或生产中控室和前沿阵地的不同位置设置安全员，明确紧急撤离信号、撤离路线和集结区点。紧急撤离信号要采用灯光、旗语、鸣笛、警报等多种形式，从不同地点同时发出。

（2）着火装置出现温度急剧升高、压力突然增大、发生抖动或异常的啸叫声响、火焰颜色由红变白、DCS系统报警等爆炸征兆时，立即发出紧急避险撤退信号。全体人员必须紧急撤离，就近借助掩体进行自我保护。撤离后要及时进行人员清点，调整力量部署。

（3）应使用移动自摆炮或无线遥控炮实施远距离冷却灭火，尽量减少一线作战人员。

（4）前方作战人员应着防火隔热服，利用掩体设置水炮（枪）阵地，纵深作战人员应使用喷雾或开花射流梯次掩护。掩护水枪必须从不同的供水线路上接出，并且保证2支以上。高位射水人员要用绳索保护。

（5）要根据现场情况使用开花或喷雾水流对有可能受到火势威胁的作战车辆进行保护，重点保护驾驶室、油箱、轮胎等部位。

（6）处置过程中要使用沙土、水泥等对排污暗渠、地下管井等隐蔽空间的开口和连通处进行封堵，防止一些有毒的化工原料流淌，导致对周边环境造成二次污染，同时防止可燃气体、易燃液体流入，发生爆炸燃烧。

十四、注意事项

（1）冷却地面流淌火周边的装置、设施要从装置上沿喷射泡沫，防止因冷却水流落下，破坏地面流淌火的泡沫覆盖层而导致复燃。

（2）在火势扑灭后的堵漏、输转过程中，要防止因水雾保护不当导致泄漏物料发生复燃、复爆。

（3）长时间作战或者夜间、炎热、寒冷条件下作战，要备足后备力量轮替一线作战人员。对持续工作的车辆、装备要注意补充油料，及时组织替换检修。

（4）对一体化程序较高的石油化工装置，在实施关阀断料、装置停车等工艺措施前，必须要求单位进行系统安全处置论证评估，防止由于装置间的系统关联性造成新的险情。

（5）及时处理消防水，防止消防水大量蓄积淹没地面窨井、雨排及设施，而造成灭火人员行动不便。

（6）必须查清泄漏或燃烧物质的理化特性，查清是否有"炼化三剂（催化剂、添加剂、溶剂）"。如有，则必须弄清其理化特性。

（7）注意保护供电线路，防止造成意外失电。

第九章　石油石化常见危险化学品处置指南

　　化学品具有易燃易爆、有毒有害、有腐蚀性等特点，一旦管理和操作失误易酿成事故，造成人员伤亡、环境污染、经济损失，并可能影响社会稳定和可持续发展。

　　化学事故一般包括火灾、爆炸、泄漏、中毒、窒息、灼伤等类型。一旦发生化学事故，应迅速控制泄漏源，采取正确、有效的防火防爆、现场环境处理、抢险人员个体防护措施，对于遏制事故发展，减少事故损失，防止次生事故发生，具有十分重要的作用。

第一节　危险化学品分类

一、爆炸品

　　爆炸品是指在撞击、受热等外界因素作用下，能发生剧烈化学反应，瞬时产生大量气体和热量，导致有限空间压力急剧上升，发生爆炸，从而对周围环境造成破坏的物品。

　　按爆炸危险性的大小，爆炸品又可分为五项：①具有整体爆炸危险的物品；②具有抛射危险，但无整体爆炸危险的物品；③具有着火危险和较小爆炸或较小抛射危险或两者兼有，但无整体爆炸危险的物品；④无重大危险的爆炸物品；⑤非常不敏感的爆炸物质。

二、压缩气体和液化气体

　　压缩气体和液化气体指压缩、液化或加压溶解，并符合下述两种情况之一的气体。

　　（1）临界温度低于50℃或在50℃时，其蒸汽压力大于294kPa的压缩或液化气体。

　　（2）临界温度在21.1℃时，气体的绝对压力大于275kPa，或在54.4℃时，气体的绝对压力大于715kPa的压缩气体；或在37.8℃时，雷德蒸汽压力大于275kPa的液化气体或压缩气体。

　　压缩气体和液化气体根据性质不同，又可分为易燃气体、不燃气体和有毒气体三项。

三、易燃液体

　　根据国家标准GB 6944—2005的规定，将闭杯实验闪点等于或低于61℃的液体、液体混合物或含有固体物质的液体，称之为易燃液体。

易燃液体按闪点的高低又可分为低闪点液体、中闪点液体和高闪点液体三项。

四、易燃固体、自燃物品和遇湿易燃物品

本类危险品包括三项。

（1）易燃固体。凡是燃点低，易被外部点燃，燃烧迅速，并可能散发有毒烟雾或有毒气体的固体称为易燃固体。

（2）自燃物品。自燃点低，在空气中易发生氧化反应，放出热量而自行燃烧的物品称为自燃物品，如黄磷、甲醇钠等。

（3）遇湿易燃物品。遇水或受潮时，发生剧烈化学反应，放出大量易燃气体和热量的物品称为遇湿易燃物品，如钾、氢化钠、碳化钙等。

五、有机物和过氧化物

本类危险物品包括两项。

（1）氧化剂。氧化剂是指处于高氧化态，自身具有极强氧化性，且绝大多数能分解释放出氧和热量的物质。氧化剂自身不一定可燃，但遇可燃物即能引起燃烧爆炸，如双氧水、过氧化钠等。

（2）有机过氧化物。有机过氧化物是指分子组成中含有过氧基的有机物，如甲酸、过乙酸等。

六、毒害品

毒害品是指进入人（动物）肌体后，累积达一定的量，能与体液和组织发生生物化学作用，扰乱或破坏肌体的正常生理功能，引起暂时性或持久性的病理改变，甚至危及生命的物品。具体指标：经口：$LD_{50} \leqslant 500\text{mg/kg}$（固体），$LD_{50} \leqslant 2000\text{mg/kg}$（液体）；经皮肤（24h 接触）：$LD_{50} \leqslant 1000\text{mg/kg}$；吸入（粉尘、烟雾及蒸气）：$LD_{50} \leqslant 10\text{mg/kg}$（固体或液体）。

七、放射性物品

凡原子核内部能自发、不断地发出人们感觉器官不能察觉到的射线的物品，称为放射性物品。按照国际原子能机构（IAEA）的有关规定，放射性比活度大于 $7.4 \times 10^4\text{Bq/kg}$ 的物品均被列入放射性物品。放射性物品主要包括同位素、放射性化合物（化学试剂和化工产品）、放射性矿石和矿砂及涂有放射性发光剂的工业品等。

八、腐蚀品

腐蚀品是指能灼伤人体组织并对金属等物品造成损坏的固体或液体。国家标准规定，腐蚀品包含与皮肤组织接触不超过 4h，在 14d 的观察期中发现引起皮肤损毁，或温度在 55℃时，对 20 号钢的表面均匀腐蚀率超过 6.25mm/a 的物品。本类危险物品主要包括酸类和碱类。

第二节　化学事故应急处置基本程序

一、报警

当发生突发性化学事故时，应立即拨打 119 报警。报警时，讲清发生事故的单位、地址、事故引发物质、事故简要情况、人员伤亡情况等。

二、隔离事故现场，建立警戒区

事故发生后，应根据化学品泄漏的扩散情况或火焰辐射热所涉及的范围建立警戒区，并在通往事故现场的主要干道上实行交通管制。

一般易燃气体、蒸气泄漏是以下风向气体浓度达到该气体或蒸气爆炸下限浓度 25% 处作为扩散区域的边界；有毒气体、蒸气是以能达到"立即危及生命或健康的浓度"处作为泄漏发生后最初 30min 内的急性中毒区的边界，或通过气体监测仪监测气体浓度变化来决定扩散区域。

在实际应急过程中，一般在扩散区域的基础上再加上一定的缓冲区，作为警戒区。

三、人员疏散

疏散包括撤离和就地保护两种。

撤离是指把所有可能受到威胁的人员从危险区域转移到安全区域。一般是从侧上风向撤离，撤离工作必须有组织、有秩序地进行。

就地保护是指人进入建筑物或其他设施内，直至危险过去。当撤离比就地保护更危险或撤离无法进行时，可采取就地保护。指挥建筑物内的人，关闭所有门窗，并关闭所有通风、加热、冷却系统。

四、现场控制

针对不同事故，开展现场控制工作，应急人员应根据事故特点和事故引发物质的不同，采取不同的防护措施。

事故发生后，有关人员要立即准备相关技术资料，咨询有关专家或向化学事故应急咨询机构咨询（如国家化学事故应急咨询专线：0532－83889090），了解事故引发物质的危险特性和正确的应急处置措施，为现场决策提供依据。

第三节　化学事故应急处置基本原则

一、火灾爆炸事故处置一般原则

1. 进入火灾现场的注意事项

（1）现场应急人员应正确佩戴和使用个人安全防护用品、用具。

（2）消防人员必须在上风向或侧风向操作，选择地点必须方便撤退。

（3）通过浓烟、火焰地带或向前推进时，应用水枪跟进掩护。

（4）加强火场的通信联络，同时必须监视风向和风力。

（5）敷设水带时，要考虑如果发生爆炸和事故扩大时的防护或撤退。

（6）要组织好水源，保证向火场不间断地供水。

（7）禁止无关人员进入。

2. 个体防护

（1）进入火场人员必须着防火隔热服、正压式空气呼吸器。

（2）现场抢救人员或关闭火场附近气源闸阀的人员，必须用移动式消防水枪保护。

（3）如有必要，身上还应绑上耐火救生绳，以防万一。

3. 火灾扑救的一般原则

（1）首先尽可能切断通往多处火灾部位的物料源，控制泄漏源。

（2）主火场由消防队集中力量主攻，控制火源。

（3）喷水冷却容器，如有可能，将容器从火场移至空旷处。

（4）处在火场中的容器突然发出异常声音或发生异常现象，必须马上撤离。

（5）发生气体火灾，在不能切断泄漏源的情况下，不能熄灭泄漏处的火焰。

4. 不同化学品的火灾控制

化学品种类不同，灭火和处置方法各异。针对不同类别化学品要采取不同控制措施，以正确处理事故，减少事故损失。

二、泄漏事故处置一般原则

泄漏控制包括泄漏源控制和泄漏物控制。

1. 泄漏源控制

泄漏源控制是应急处理的关键。只有成功地控制泄漏源，才能有效地控制泄漏。企业内部发生泄漏事故，可根据生产情况及事故情况分别采取停车、局部打循环、改走副线、降压堵漏等措施控制泄漏源。如果泄漏发生在储存容器上或运输途中，可根据事故情况及影响范围采取转料、套装、堵漏等措施控制泄漏源。

进入事故现场实施泄漏源控制的应急人员必须穿戴适当的个体防护用品，配备防爆型的通信设备，不能单兵作战，要有监护人。

2. 泄漏物控制

泄漏物控制应与泄漏源控制同时进行。对于气体泄漏物，可以采取喷雾状水、释放惰性气体等措施，降低泄漏物的浓度或燃爆危害。在喷雾状水的同时，筑堤收容产生的大量废水，防止污染水体。对于液体泄漏物，可以采取适当的收容措施如筑堤、挖坑等阻止其流动，若液体易挥发，可以使用适当的泡沫覆盖，减少泄漏物的挥发，若泄漏物可燃，还可以消除其燃烧、爆炸隐患。最后需将限制住的液体清除，彻底消除污染。与液体和气体相比较，固体泄漏物的控制要容易得多，只要根据物质的特性采取适当方法收集起来即可。

进入事故现场实施泄漏物控制的应急人员必须穿戴适当的个体防护用品，配备防爆型的通信设备，不能单兵作战，要有监护人。

当发生水体泄漏时，可用以下方法处理：

（1）比水轻并且不溶于水的泄漏物，可采用围栏吸附收容。

（2）溶于水的泄漏物，一般用化学方法进行处置。

三、中毒窒息与灼伤

1. 现场救治

（1）将染毒者迅速撤离现场，转移到上风向或侧上风向空气无污染地区。

（2）有条件时，应立即进行呼吸道及全身防护，防止继续吸入染毒。

（3）对呼吸、心跳停止者，应立即进行人工呼吸和心脏按压，采取心肺复苏措施，并给予吸氧。

（4）立即脱去被污染者的服饰，对皮肤污染者，用流动的清水或肥皂水彻底冲洗；对眼睛污染者，提起眼睑，用大量流动的清水或生理盐水彻底冲洗。

2. 医院救治

经上述现场救治后，严重者送医院观察治疗。

第四节　化学事故应急处置中个人防护措施

根据事故引发物质的毒性、腐蚀性等危害程度的大小，个人防护一般分为三级，防护标准见表 9 – 1。

表 9 – 1   三级个人防护标准

级别	形式	防化服	防护服	防护面具
一级	全身	内置式重型防化服	全棉防静电内外衣	正压式空气呼吸器或全防型滤毒罐
二级	全身	封闭式防化服	全棉防静电内外衣	正压式空气呼吸器或全防型滤毒罐
三级	呼吸	简易防化服	灭火防护服	简易滤毒罐、面罩或口罩、毛巾等防护器材

选择全防型滤毒罐、简易滤毒罐或口罩等防护用品时，应注意：

（1）空气中的氧气浓度不低于 18%。

（2）不能用于槽、罐等密闭容器环境。

第五节   化学事故应急处置中的疏散警戒区域

隔离与公共安全是指事故发生后为了保护公众生命、财产安全，应采取的措施。为了保护公众免受伤害，给出在事故源周围以及下风向需要控制的距离和区域。

初始隔离区是指发生事故时公众生命可能受到威胁的区域，是以泄漏源为中心的一个圆周区域。圆周的半径即为初始隔离距离。该区只允许少数救援人员进入。手册中给出的初始隔离距离适用于泄漏后最初 30min 内或污染范围不明的情况。

疏散区是指下风向有害气体、蒸气、烟雾或粉尘可能影响的区域，是泄漏源下风方向的正方形区域。正方形的边长即为下风向疏散距离。手册中给出的初始隔离距离、下风向疏散距离适用于泄漏后最初 30min 内或污染范围不明的情况，参考者应根据事故的具体情况如泄漏量、气象条件、地理位置等作出适当的调整（图 9 – 1）。

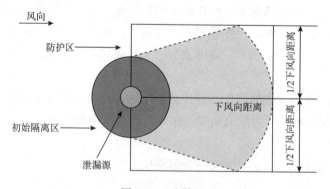

图 9 – 1   疏散区

初始隔离距离和下风向疏散距离主要依据化学品的吸入毒性危害确定。化学品的吸入毒性危害越大，其初始隔离距离和下风向疏散距离越大。影响吸入毒性危害大小的因素有化学品的状态、挥发性、毒性、腐蚀性、刺激性、遇水反应性（液体或固体泄漏到水体）

等。确定原则为：

一、陆地泄漏

1. 气体

（1）剧毒或强腐蚀性或强刺激性的气体。在污染范围不明的情况下，初始隔离距离至少500m，下风向疏散距离至少1500m。然后进行气体浓度检测，根据有害气体的实际浓度，调整隔离、疏散距离。

（2）有毒或具腐蚀性或具刺激性的气体。在污染范围不明的情况下，初始隔离距离至少200m，下风向疏散距离至少1000m。然后进行气体浓度检测，根据有害气体的实际浓度，调整隔离、疏散距离。

（3）其他气体。在污染范围不明的情况下，初始隔离距离至少100m，下风向疏散距离至少800m。然后进行气体浓度检测，根据有害气体的实际浓度，调整隔离、疏散距离。

2. 液体

（1）易挥发，蒸气剧毒或有强腐蚀性或有强刺激性的液体。在污染范围不明的情况下，初始隔离距离至少300m，下风向疏散距离至少1000m。然后进行气体浓度检测，根据有害蒸气或烟雾的实际浓度，调整隔离、疏散距离。

（2）蒸气有毒或有腐蚀性或有刺激性的液体。在污染范围不明的情况下，初始隔离距离至少100m，下风向疏散距离至少500m。然后进行气体浓度检测，根据有害蒸气或烟雾的实际浓度，调整隔离、疏散距离。

（3）其他液体。在污染范围不明的情况下，初始隔离距离至少50m，下风向疏散距离至少300m。然后进行气体浓度检测，根据有害蒸气或烟雾的实际浓度，调整隔离、疏散距离。

3. 固体

在污染范围不明的情况下，初始隔离距离至少25m，下风向疏散距离至少100m。

二、水体泄漏

遇水反应生成有毒气体的液体、固体泄漏到水中，根据反应的剧烈程度以及生成气体的毒性、腐蚀性、刺激性确定初始隔离距离、下风向疏散距离。

（1）与水剧烈反应，放出剧毒、强腐蚀性、强刺激性气体。在污染范围不明的情况下，初始隔离距离至少300m，下风向疏散距离至少1000m。然后进行气体浓度检测，根据有害气体的实际浓度，调整隔离、疏散距离。

（2）与水缓慢反应，放出有毒、腐蚀性、刺激性气体。在污染范围不明的情况下，初始隔离距离至少100m，下风向疏散距离至少800m。然后进行气体浓度检测，根据有害气体的实际浓度，调整隔离、疏散距离。

火灾事故的隔离距离取自《2008 Emergency Response Guidebook》（简称"《2008

ERG》"）。《2008 ERG》是由加拿大运输部、美国运输部和墨西哥交通运输秘书处共同编制的，主要针对化学品运输事故。如果储罐、生产（使用）装置发生化学品事故，该手册中给出的距离只能作为参考，要根据实际情况考虑增大隔离距离。

泄漏处理：指化学品泄漏后现场应采取的应急措施，主要从点火源控制、泄漏源控制、泄漏物处理、注意事项等几个方面进行描述。手册推荐的应急措施是根据化学品的固有危险性给出的，使用者应根据泄漏事故发生的场所、泄漏量的大小、周围环境等现场条件，选用适当的措施。

参考文献

［1］中华人民共和国公安部消防局. 中国消防手册（第九卷）灭火救援基础［M］. 上海：上海科学技术出版社，2006.

［2］中国石油天然气集团公司安全环保部. 石油石化消防指战员培训教程［M］. 北京：石油工业出版社，2010.

［3］张海峰. 常用危险化学品应急速查手册［M］. 北京：中国石化出版社，2009.

［4］储胜利. 炼油化工设备火灾模式与应急处置技术［M］. 北京：石油工业出版社，2016.